GONGCHENG XUNLIAN ZONGHE ZHINAN

工程训练综合指南

主　编　周幼庆

副主编　曹建华　刘　翔

　　　　刘晓芹　郑　翠

華中科技大學出版社

http://www.hustp.com

中国·武汉

内容简介

本书是为了适应科学技术的不断发展及工程训练教学改革的不断深入，并结合培养应用创新型工程技术人才的实践教学特点而编写的。全书分工程训练概述、材料成形技术、机械切削加工技术、先进机械加工技术、电子工艺技术和综合训练六大部分，具体包括工程材料及其热处理、铸造、锻压、焊接、车削、铣削、刨削、磨削、钳工、数控车削、数控铣削、数控电火花线切割、3D 打印、激光雕刻、电子工艺及机电综合训练 16 个实训项目。

本书可作为高等学校机械类、非机械类专业的机电综合工程训练指导书与实训报告，也可供相关工程技术人员参考。

图书在版编目(CIP)数据

工程训练综合指南/周幼庆主编. —武汉：华中科技大学出版社，2020.12（2025.1 重印）
ISBN 978-7-5680-6764-5

Ⅰ.①工… Ⅱ.①周… Ⅲ.①机械制造工艺-高等学校-教学参考资料 Ⅳ.①TH16

中国版本图书馆 CIP 数据核字(2020)第 238022 号

工程训练综合指南 周幼庆 主编
Gongcheng Xunlian Zonghe Zhinan

策划编辑：王汉江
责任编辑：王汉江
封面设计：原色设计
责任监印：徐 露
出版发行：华中科技大学出版社(中国·武汉) 电话：(027)81321913
武汉市东湖新技术开发区华工科技园 邮编：430223
录 排：武汉市洪山区佳年华文印部
印 刷：武汉科源印刷设计有限公司
开 本：787mm×1092mm 1/16
印 张：5
字 数：114 千字
版 次：2025 年 1 月第 1 版第 5 次印刷
定 价：18.00 元

前　　言

工程训练作为工科类高校参与学生人数最多、覆盖面最广、受益面最大的实践教学课程，是培养学生综合实践能力和创新意识的重要教育环节，对培养高质量、高层次的新世纪工程技术人才，起着其他课程不可替代的作用。

随着科学技术的快速发展，科学知识的更新日益加快，制造技术日新月异，新材料、新技术、新工艺不断涌现，工程训练课程的教学内容也随之不断更新和丰富。由于工程训练教学内容的不断增多与有限教学学时之间的矛盾，有必要对工程训练的教学内容、教学方法进行改革，由传统工程训练向现代工程训练转变，适当压缩传统训练内容，增加先进制造技术的训练内容。为了适应课程改革的需要，配合柔性模块化工程训练教学，我们编写了这本指南。实训前，学生可了解各训练项目的实训内容、实训安全注意事项及实训步骤；实训结束后，学生可按教学要求完成对应的实训报告。

参加本书编写的人员有周幼庆、曹建华、刘翔、刘晓芹、郑翠等。由于编者水平有限，书中难免有错误和不妥之处，恳请读者批评指正。

编　者

2020 年 11 月

目　　录

第一部分　工程训练概述

一、工程训练的目的和意义

工程训练的目的是培养学生的工程实践能力、协作精神和创新意识。通过对机电工艺知识的学习、实践，了解制造工程的基础工艺过程；体会、了解工程的概念；培养工程思维的能力和通过动手实践掌握知识的能力。

二、工程训练的内容

机械加工制造的内容包含热加工（铸造、锻压、焊接、热处理）、车削加工、铣削加工、刨削加工、磨削加工、钳工、先进制造（数控车削、数控铣削、数控电火花线切割、3D 打印、特种加工）。

电子加工制造的内容包含电子焊接（手工焊接、回流焊）、PCB 电路板设计与制作、电子产品安装与调试。

三、工程训练守则

（一）实训学生考勤规定

（1）实训须遵守实训纪律，不得迟到、早退或无故不参加实训。迟到、早退超过一小时视为旷课，取消本次实训成绩。

（2）实训期间如遇有全校性会议或体育比赛等要参加，必须持所在学院证明由中心办公室领导批准。

（3）请病假时必须持医生证明。

（4）若实训期间有重要事情必须请假，一律由本人写请假条，经中心办公室领导签字批准，否则按旷课论处。

（二）安全注意事项

安全，是工程实践教学永恒的主题。

（1）严守各项安全法规，坚持安全第一、预防为主的方针。

（2）进入实训场地必须按规定穿戴防护服，防护服上所有纽扣必须全部扣好。凡操作机床一律严禁戴手套、围巾、项链等，长发学生按规定戴工作帽。未穿防护服者一律不得进入实训现场。

(3) 实训前学生必须进行安全知识自学，教师要举行安全教育讲座。

(4) 学生进入现场后，首先应到现场指导老师处登记签到。

(5) 操作前认真听老师进行现场安全知识、操作规程、安全要求示范讲解。

(6) 实训中若发生安全事故或故障，必须首先用安全的方法切断事故源，同时通知现场指导老师，由老师来处理异常情况。

(7) 操作时严禁站在机床旋转部件旋转切线方向的位置，以防被意外飞出的工件击伤。

(8) 实训现场严禁戴耳机或挂耳机，操作时或在运转的设备附近严禁聊天或使用手机，以保持安全警觉，从而对意外事故能及时做出正确反应。

(9) 严禁踩踏机床周边电线，不要站在配电柜门旁，以防触电。

(10) 通过现场时，应在安全通道内行走，应对天车及周围设备保持警觉。

(11) 实训现场内严禁跑、跳、打闹，以防摔伤。

(12) 实训任务完成后应及时清理现场，使设备保持安全、清洁状态，经现场指导老师检查通过后，方可离开现场。

四、习题

(一) 填空题(每空 2 分，共 54 分)

(1) 工程训练的目的是培养学生的__________、__________和__________。

(2) 通过对机电工艺知识的学习、实训，了解制造工程的__________；__________、__________工程的概念；培养________和通过________掌握知识的能力。

(3) 若实训期间学生有重要事情必须______，且一律由______写请假条，经________________签字批准，否则按______论处。

(4) 进入实训场地必须按规定____________，长发学生按规定____________。未穿防护服者一律不得____________。

(5) 操作时严禁站在________________________位置，以防____________________。

(6) 实训中若发生安全事故或故障，必须首先________________________，同时________________，由______来处理异常情况。

(7) 实训现场内严禁______、______、______，以防摔伤。

(8) 实训任务完成后应及时__________，使设备保持______、______状态，经现场指导老师__________后，方可离开现场。

(二) 问答题(共 46 分)

(1) 工程训练的主要内容有哪些?(10 分)

(2) 实训期间的考勤规定有哪些?(16 分)

(3) 实训期间有哪些必须遵守的安全注意事项?(20 分)

第二部分　材料成形技术

训练1　工程材料及其热处理工艺

一、热处理的原理、特点及应用

工程材料是指用于机械、车辆、船舶、建筑、化工、能源、仪器仪表、航空航天等工程领域的材料，用来制造工程构件和机械零件，也包括一些用于制造工具的材料和具有特殊性能的材料。工程材料有各种不同的分类方法，一般将工程材料按化学成分分为金属材料、非金属材料和复合材料三大类。

金属材料是最重要的工程材料，包括金属和以金属为基的合金。金属材料的热处理是将固态金属或合金，采用适当的方式进行加热、保温和冷却，改变材料内部组织结构，从而改善材料的性能。热处理方法有很多，其共同点是只改变内部组织结构，不改变表面形状与尺寸，而且都由加热、保温、冷却三阶段组成。

二、热处理工艺的实训内容及目的

实训内容：制作弹簧；对比钢淬火前后的硬度。

实训目的：通过独立完成弹簧的制作，了解常用热处理工艺及热处理炉的操作方法，掌握热处理中退火、淬火、回火等基本操作技能。通过钢淬火前后的硬度对比操作，了解洛氏硬度计的组成及使用方法，掌握淬火操作的方法和作用。

三、热处理工艺实习安全操作规程

(1) 实习时要按规定穿戴好必要的防护用品。

(2) 未经实习指导人员许可不得擅自动用任何设备，触碰电闸或开关，以免发生安全事故。

(3) 操作前要熟悉热处理设备的使用方法及其他工具、器具。

(4) 处理工件前要认真看清图纸要求及工艺要求，严格按照工艺规程操作。

(5) 用电阻炉加热时，工件进炉、出炉应先切断电源，以防触电。

(6) 为保证炉温，不能随便打开炉门，检查炉内情况应从炉门孔中观察。

(7) 冷却剂应放置于就近方便的位置,减少工件出炉后降温。

(8) 出炉时应工位正确,夹持稳固,防止炽热工件伤害人体。

(9) 出炉后的工件不能用手触摸,以防烫伤。

(10) 实习完后,打扫场地卫生,放好工具、器具。

四、案例

实训项目:弹簧的制作。

(1) 训练材料:65Mn ϕ2 mm 低碳钢丝 1 根。

(2) 训练要求如下。

操作方法:将钢丝在芯棒上绕制成弹簧。

淬火温度:820～850 ℃。

冷却方式:水中急冷。

检验方式:拉、压弹簧,观察结果。

(3) 弹簧制作工艺如下。

① 正火:加热温度及保温温度为 830 ℃,保温时间为 3～5 min,冷却方式为空冷。

② 绕制成形:将正火过的钢丝一端弯成一个直角,长度为钳口的 1.5 倍,放在绕簧器上绕制成形。

③ 淬火:淬火温度为 830 ℃,保温时间为 3～5 min,冷却方式为水冷。

④ 中温回火:回火温度为 480 ℃,保温时间为 3～5 min,冷却方式为空冷。

⑤ 检验:弹簧功能。

五、习题

(一) 填空题(每空 2 分,共 32 分)

(1) 钢的普通热处理包括________、________、________和________。

(2) 常用热处理设备有________、________和________。

(3) 淬火的主要目的是提高________和________,增加________。

(4) 热处理工艺中,回火可分为________、________和________。

(5) 回火的目的是减小或消除工件在淬火时形成的________,降低淬火________,使工件获得较好的________等综合机械性能。

(二) 判断题(正确的打"√",错误的打"×"。每题 3 分,共 9 分)

(1) 表面热处理,是指通过快速加热,仅对钢件表面进行热处理,以改变内部组织和性能的热处理工艺。 (　　)

(2) 厚薄不均匀的淬火工件冷却时,应将薄的部分先入水。 (　　)

(3) 回火是对淬过火的钢而言的,回火工序直接决定了淬火工件的使用性能和寿命。 (　　)

(三) 选择题(将正确答案的选项填入题中空格处,其中有的为多选题。每题 3 分,共 9 分)

(1) 热处理工艺中,工件正火时的冷却方法是______。

a. 快速冷却

b. 随炉冷却

c. 在空气中缓冷

(2) 钳工实训中制作的小手锤,要进行______热处理来提高它的硬度和耐磨性。

a. 退火

b. 正火

c. 淬火后低温回火

(3) 细而长的零件淬入水中时,采用______方式比较合适。

a. 平放

b. 斜放

c. 垂直放入

(四) 问答题(共 50 分)

(1) 淬火、回火的目的是什么?(13 分)

(2) 何为退火?(10 分)

(3) 表面淬火可分为哪两种?(15 分)

(4) 实习中工具钢(锯条)淬火的工艺如何?(12 分)

训练2 铸造工艺

一、铸造的原理、特点及应用

将液体金属浇注到具有与零件形状相适应的铸型型腔中，待其冷凝后所得的零件毛坯（或铸件）的方法叫做铸造。铸造生产方法包括砂型铸造和特种铸造。

铸造是机械制造业的基础，是现代机械制造中取得成型毛坯应用最广泛的方法。在一般的机械中，铸件重量占设备重量的40%～90%；在汽车、拖拉机制造业中，铸件重量占50%～70%；在机床、重型机械、矿山机械、水电设备中，铸件重量占85%以上，所以铸造在机械制造业中占有重要地位，特别是在快速精密铸造技术的应用中。

由于铸造是由液态金属成型这一特点，因此其适用性广。采用铸造工艺可生产外形及内腔很复杂的零件；能铸造各种金属及合金铸件；可进行各种批量的生产；材料利用率高，生产成本较低。但是由于铸造生产工序较多，铸件质量不够稳定，铸件组织不致密，机械性能较低，因此一些需要承受大的交变载荷、动载荷的重要受力原件还不能选用铸件做毛坯。近年来，随着合金球墨铸铁及高强度铸造合金新材料、新工艺、新技术的发展，工程师们大大地扩展了铸造生产的应用范围。

二、铸造的实训内容及目的

实训内容：完成砂型铸造中基本的整模造型。

实训目的：通过独立完成手工整模造型，认识铸造设备、工具、量具性能并正确使用，掌握砂型铸造的生产过程，理解模型加工、制作芯盒、配砂、造型、造芯、合箱、熔化金属液、浇注、落砂和清理等工艺方法。

三、铸造实习安全操作规程

（1）进入车间实习时，要穿好工作服，戴好防护用品。袖口要扎紧，衬衫要系入裤内。不得穿凉鞋、拖鞋、高跟鞋、背心、裙子和戴围巾进入车间。

（2）严禁在车间内追逐、打闹、喧哗和阅读与实训无关的书刊等。

（3）工作前检查自用设备和工具，型砂必须排列整齐，并留出浇注通道。

（4）工作场地上的铁钉、散砂应随时清理和回收，保持通道畅通。

（5）车间所有设备（机械和电器）不要乱动。

（6）手工造型：

① 舂砂时，不得将手放在砂箱上，以防砸手伤人。

② 造型时，不可用嘴去吹型砂，只能用皮老虎吹砂。使用皮老虎时，要选择无人的方向吹，以防砂子吹入眼中。

③ 造型时，要保证分型面平整、吻合。为防止浇注时金属液从分型面射出，造成跑火，可用烂砂将分型面的箱缝封堵。

④ 人力搬运或翻转芯盒、砂箱时，要小心轻放，应量力而行，不要勉强。两人配合翻箱时，动作要协调。弯腰搬动重物时，要防止扭伤。

⑤ 合箱时，手要扶住箱壁外侧，不能放在分型面上，以防压伤手。

⑥ 手锤应横放在地上，不可直立放置，以防倒下伤脚。

⑦ 每人所用的工具应放在工具盒内，不得随意乱放。起模针和气孔针放在盒内时，尖头应向下，以防刺伤手。

(7) 实习结束，做好工具、用具的清理，打扫场地卫生，保持场地整洁。清理场地时，不许乱丢铸件。

四、案例

实训项目：手工造型及制芯。

操作步骤如下：

(1) 擦净模型。

(2) 安置模型如下图所示。要保证模型与砂箱的距离适当(30～100 mm)。如果间距太小，浇注时金属液体易从分型面流出；如果间距太大，会浪费型砂和工时。若模型容易粘砂，要先撒上滑石粉。

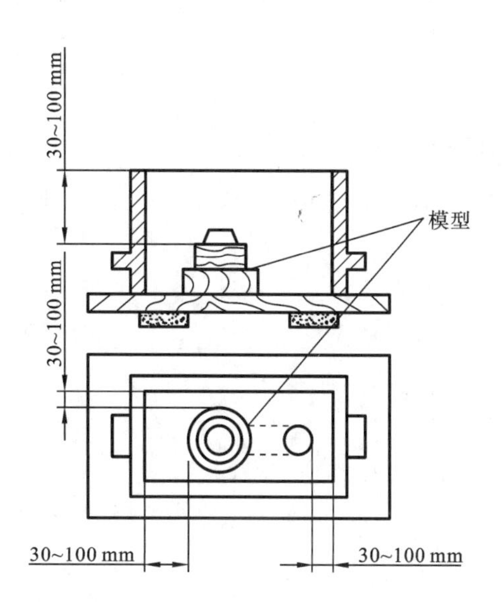

(3) 加砂、舂砂。

① 每次加砂厚度为 50～70 mm，保证砂型的紧实度。

② 第一次加砂后，一只手按住模型不动，另一只手塞紧模型四周的型砂，使模型固定。

③ 舂砂时，先用舂砂锤尖头，后用平头。不要舂在模型上，靠近模型及箱壁处要稍舂得紧些。

④ 舂砂路线如下图所示。

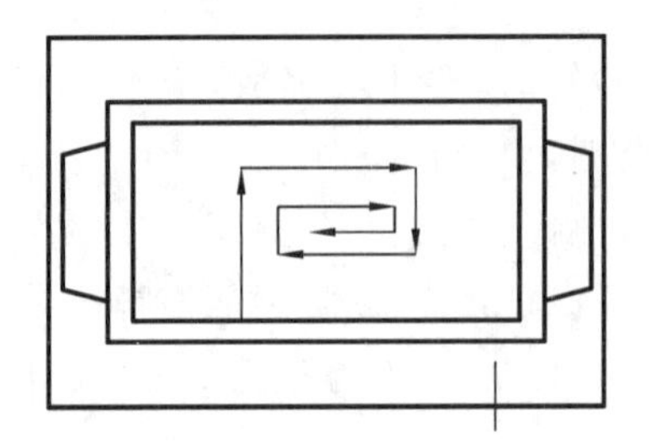

(4) 刮砂。用刮砂板刮去多余的型砂。

(5) 翻砂、撒分型砂。翻转下砂箱，用墁刀修光分型面，分型面上均匀地撒上分型砂，用手风箱吹去模型上的分型砂。

(6) 造上型。放好上半模、上箱和浇口棒，加砂造上型。用通气针均匀地扎出通气孔。

(7) 开浇口杯。轻轻敲击、拔出浇口棒。用压勺挖出浇口杯，并修光浇口面。浇口杯不能过小、过浅，以免金属液体飞溅。

(8) 开箱起模。若砂箱无定位销，开箱前用粉笔或划针划合箱线，以防合箱时错位。开箱后，上箱旋转 180°放稳。起模前，用毛笔蘸少许水，刷模型四周。起模针插入模型重心位置，用小锤沿前、后、左、右轻敲起模针下部，轻轻、平稳地提起模型。

(9) 修型、开内浇道。

五、习题

(一) 填空题(每空 2 分，共 42 分)

(1) 型砂应当具备的性能是透气性、________、________、________和________。

(2) 常用的手工砂型铸造方法有整模造型、________造型、________造型、________造型、________造型等。

(3) 典型的浇注系统是由内浇道、________、________和________等四部分组成的。

(4) 模型的尺寸应比零件的尺寸大一个________________和________________，应比铸件的尺寸大一个________________。

(5) 拔模斜度的作用是________、________。

(6) 铸型一般由上砂型、下砂型、________、________、________、________和________等几部分组成。

(二) 判断题(正确的打“√”，错误的打“×”。每题 2 分，共 8 分)

(1) 造型舂砂时，为了提高效率，每层砂都要用平锤打紧后再加入第二层砂子。 (　　)

(2) 手工砂型铸造时，舂砂紧实度过高，一般会提高砂型强度，同时又可提高砂型的透气性。 (　　)

(3) 冒口是将金属液浇入铸型型腔的通道。 (　　)

(4) 芯骨的作用是为了增加型芯的强度和起到排气的作用。 (　　)

(三) 选择题(将正确答案的选项填入题中的空格处,其中有的为多选题。每题 2 分,共 10 分)

(1) 直浇道的作用是________。

a. 挡渣

b. 引导金属液进入横浇道

c. 控制浇注温度

d. 控制铸件的收缩

(2) 现有右图所示的铸件,应采用________。

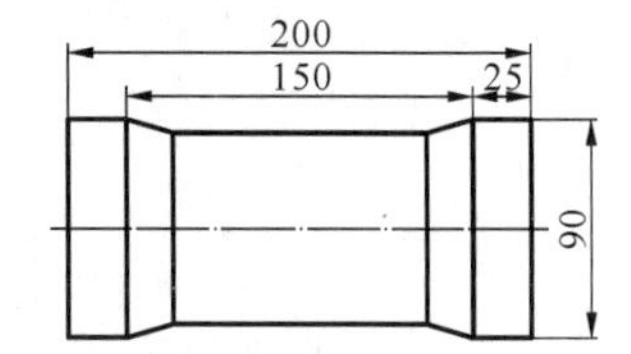

a. 整模造型

b. 分模造型

c. 挖砂造型

d. 活块造型

(3) 横浇道的作用是________。

a. 补充合金的收缩

b. 分配金属液入内浇道

c. 金属液直接流入型腔的通道

d. 排除铸型中的气体

(4) 整模造型时,零件的最大截面通常在________。

a. 砂箱端部

b. 侧位

c. 铸型底部

(5) 造好的砂型,通常要在其型腔表面涂上一层涂料,其目的是________。

a. 防止粘砂

b. 增加铸型透气性

c. 增加铸件含碳量

d. 降低铸件表面粗糙度

(四) 问答题(每题 10 分,共 40 分)

(1) 什么是粘砂、缩孔、砂眼、渣眼? 它们产生的主要原因是什么?

（2）造型时为什么要舂砂？

（3）如何确定分型面？

（4）造型中，开设内浇道时应注意哪些问题？

训练3 锻压工艺

一、锻压的原理、特点及应用

塑性变形，是指当外力增大到使金属的内应力超过该金属的屈服极限以后，外力停止作用，金属的变形也并不消失。在工业生产中，金属材料经过塑性成形后，其内部组织更加紧密、均匀，承受载荷及冲击能力有所提高。因此，凡是承受重载荷及冲击载荷的重要零件，如机床主轴、传动轴、齿轮、曲轴、连杆、起重机吊钩等多以锻件为毛坯。

金属塑性成形方法中，锻造、冲压两种成形方法，合称为锻压。锻压主要用于制作各种机器零件的毛坯或成品。锻造是金属热加工成形的一种主要加工方法，通常采用中碳钢和低合金钢为锻造材料。锻造用的原材料一般为圆钢、方钢等型材，大型锻件则用钢坯或钢锭。锻造前要把原材料用剪切、锯切等方法切成所需要的长度，以便锻造。

板料冲压是利用装在冲床上的模具使板料分离或变形，从而获得所需形状和尺寸的毛坯或零件的加工方法，也称冷冲压。板料冲压多以具有足够塑性和较低变形抗力的金属材料(低碳钢和有色金属及合金钢等)薄板为材料，操作简单，工艺过程易实现机械化和自动化，生产效率高，产品成本低。

二、锻压的实训内容及目的

(1) 了解自由锻造、模型锻造及板料冲压的工作原理及工艺流程。

(2) 了解锻压技术、工艺的发展现状及趋势。

三、锻压实习安全操作规程

(1) 进入车间实习时，要穿好工作服，戴好防护用品。袖口要扎紧，衬衫要塞入裤内。不得穿凉鞋、拖鞋、高跟鞋、背心、裙子和戴围巾进入车间。

(2) 严禁在车间内追逐、打闹、喧哗、阅读与实习无关的书刊等。

(3) 应在指定的工位上进行实习。未经允许，其他机床、工具或电器开关等均不得乱动。

(4) 随时检查锤柄是否松动，锤头、砧子及其他工具是否有裂纹或其他损坏现象。

(5) 锻打前必须正确选用夹持工具，钳口必须与锻件毛坯的形状和尺寸相符合，否则在锤击时，因夹持不紧容易造成毛坯飞出。

(6) 手工自由锻时，负责打锤的学生要听从负责掌钳学生或指导老师的指挥，互相配合，以免伤人。

(7) 取出加热的工件时，要注意观察周围人员的情况，避免工件烫伤他人。不可直接用手或脚去接触金属料，以防烫伤。严禁用烧红的工件与他人开玩笑，避免造成人身伤害事故。

(8) 切断料头时，在飞出方向不应站人。

(9) 清理炉子，取放工件应在关闭电源后进行。

(10) 当天实习结束后，必须清理工具和设备，打扫工作现场的卫生。

四、案例

实训项目：齿轮坯的锻造。

实训材料：①锻件材料，45 钢；②坯料质量，19.5 kg；③坯料尺寸，φ120 mm×221 mm。

训练要求：①锻件质量，18.5 kg；②每坯锻件数，1。

锻件图：如下图所示。

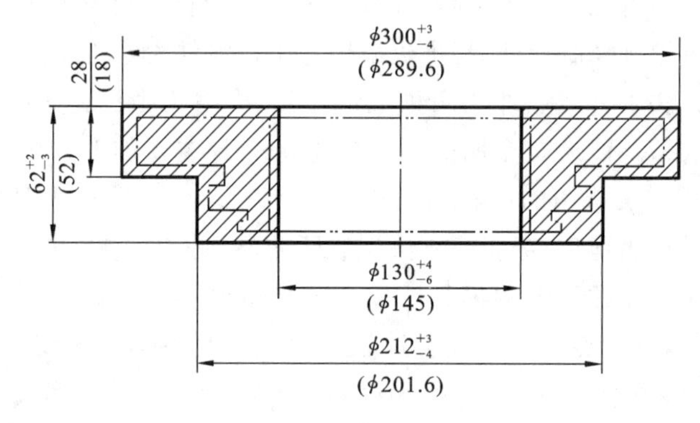

加工步骤如下表所示：

火次	温度/℃	操作说明	变形过程简图	设备	工具
0	常温	下料加热	221 φ120	反射炉	
1	800～1200	镦粗	φ280 40 φ154 镦粗　局部镦粗	750 kg 自由锻锤	普通漏盘
2	800～1200	局部镦粗			
3	800～1200	冲孔	冲孔　扩孔	750 kg 自由锻锤	冲头
4	800～1200	扩孔			

续表

火次	温度/℃	操作说明	变形过程简图	设备	工具
5	800～1100	修整	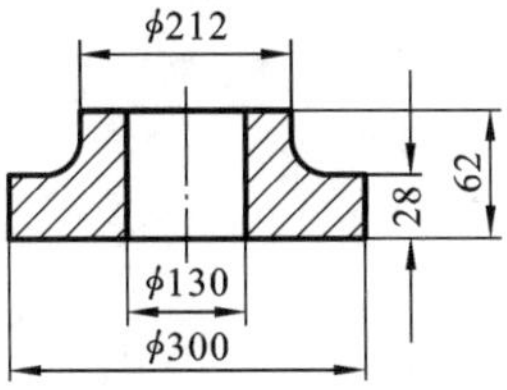 ϕ212 62 28 ϕ130 ϕ300 修整	750 kg 自由锻锤	

五、习题

(一) 填空题(每空 2 分,共 28 分)

(1) 始锻温度一般应低于该金属材料的熔点________～________。

(2) 锻造前加热的目的是为了提高________ 和降低________。

(3) 机器自由锻所用的设备通常有________、________和________ 等,板料冲压所用的设备有________、________。

(4) 自由锻造的基本工序有镦粗、拔长、________、________、________、________和________等。

(二) 判断题(正确的打"√",错误的打"×"。每题 4 分,共 12 分)

(1) 锻造加热时,时间越长越好。 (　　)

(2) 各种金属材料的锻造温度都是一样的。 (　　)

(3) 锻造时加热温度越高,产生的氧化皮就越多。 (　　)

(三) 选择题(将正确答案的选项填入题中的空格处,其中有的为多选题。每题 4 分,共 12 分)

(1) 坯料加热时始锻温度的确定,主要由________现象所限。

a. 脱碳

b. 氧化

c. 过热和过烧

(2) 镦粗时,为避免镦弯,应使坯料的原始高度与它的直径之比________。

a. 大于 2.5

b. 小于 2.5

c. 等于 2.5

(3) 45 钢的锻造温度范围是________。

a. 800～1200 ℃

b. 700～900 ℃

c. 900～1500 ℃

(四) 简答题(每题 16 分,共 48 分)

(1) 锻造的工艺包括哪些内容?常用的锻造方法有哪些?

(2) 可锻性的含义是什么?金属可锻性的高低与什么因素有关?

(3) 什么是始锻温度和终锻温度?低碳钢和中碳钢的始锻温度和终锻温度各是多少?

训练4 焊接工艺

一、焊接的原理、特点及应用

焊接是通过加热或加压(或两者并用),在使用(或不用)填充材料,使焊件形成原子间结合,从而实现永久(不可拆卸)连接的一种方法。焊接主要应用于制造金属结构件、制造机器零件和工具及工件修复等。与铆接相比,焊接具有节省金属材料、接头密封性好、设计和施工较易、生产效率较高、劳动条件较好等优点。

在工业生产中应用的焊接方法种类很多,按焊接过程特点的不同可分为三大类:熔化焊、压力焊、钎焊。其中最常用的是熔化焊,如电弧焊、气焊等。

二、焊接的实训内容及目的

手工电弧焊操作:首先掌握划擦法和敲击法两种引弧方法,然后进行平焊操作实训。

通过手工电弧焊操作,初步掌握焊条电弧焊的基本操作技能,了解手工电弧焊的原理和特点、所用的设备工具、工艺过程和规范及操作要领。掌握焊条角度、焊接速度、焊接电弧长度及焊接接头形式。

三、焊接实习安全操作规程

(1) 实习时按规定穿戴好工作服、手套、防护面罩。

(2) 未经实习指导人员许可不准擅自动用任何设备,触碰电闸、开关和操作手柄,以免发生安全事故。

(3) 实习中如有异常现象或发生安全事故,应立即断开电闸或关闭电源开关,停止实习,保留现场并及时报告实习指导人员,待查明事故原因后方可再行实习。

(4) 焊接过程中禁止调节电流或拉动电闸,以免烧毁焊机。

(5) 严禁将焊钳放在焊件及工作台上,以免造成短路。

(6) 焊接时,手不能同时接触两个电板,以免发生触电危险。

(7) 焊件应用手钳夹持,不准赤手拿焊件,以免烫伤。

(8) 清除焊渣时,应避免焊渣飞起伤眼。

(9) 气焊时,要防止气焊火星溅在衣袖上烧着。气焊熄灭时,应先关闭乙炔阀门,后关闭氧气阀门,防止产生回火。

(10) 焊接实习场地要注意通风换气。

四、案例

实训项目:手工电弧焊操作。现有两块4～6 mm厚、150 mm×400 mm的钢板,要求沿长边进行对接平焊。

实训步骤如下：

（1）引弧。

引弧时，焊条提起动作要快，否则容易粘在工件上。如发生粘条，可将焊条左右晃动后拉开。若拉不开，则应松开焊钳，切断焊接电路。

引弧的方法有敲击法和划擦法两种。敲击法是将焊条垂直触及工件表面后立即提起。划擦法是像擦火柴一样，将焊条在工件表面划一下即可。划擦法不易粘条，适合初学者使用。

（2）运条。

运条有三个基本动作：向下运动、向前运动、横向摆动，如下图所示。横向摆动形式有直线往复摆动、锯齿形摆动、月牙形摆动、三角形摆动和环形摆动。

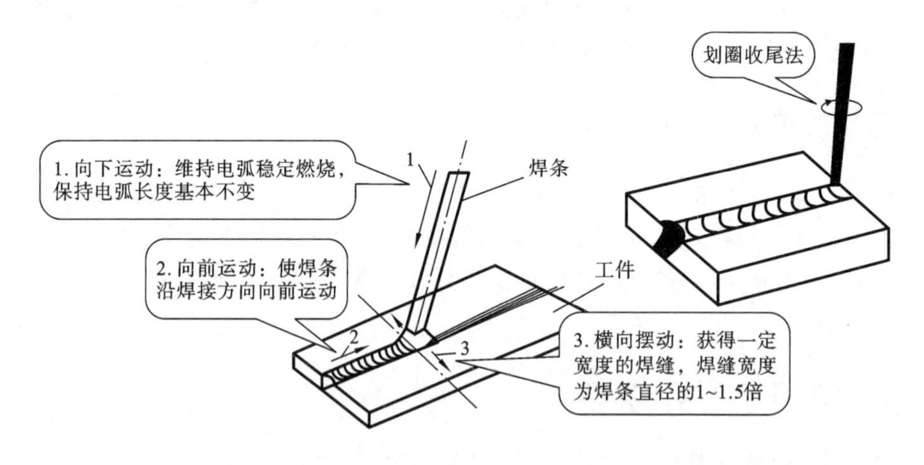

（3）焊缝收尾，有以下两种方法。

① 划圈收尾法。在焊缝结尾处，焊条停止向前移动，同时划圈，直到填满弧坑时，再慢慢提起焊条熄弧。此法仅适用于厚板焊接，容易烧穿。

② 反复断弧收尾法。当焊条移至焊缝结尾处时，应在较短的时间内熄灭和点燃电弧数次，直到填满弧坑为止。此法适合于酸性焊条对薄板的焊接。

（4）焊前点固。为固定两工件的相对位置，焊前需进行定位焊，称为点固，如下图所示。

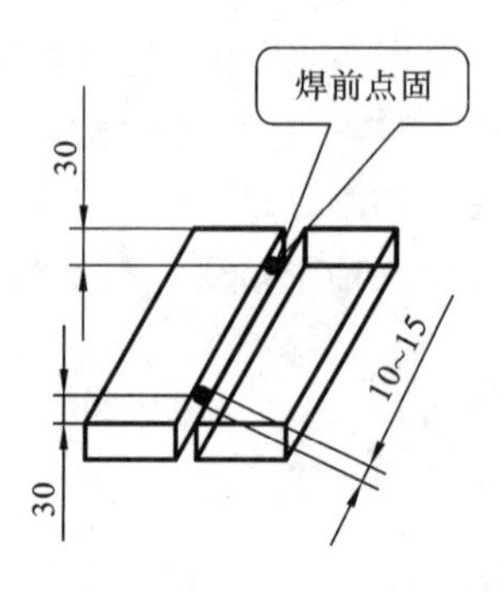

（5）焊后清理。用清渣锤、钢丝刷把焊渣和飞溅物等清理干净。

五、习题

(一) 填空题(每空 2 分,共 42 分)

(1) 焊接常见的缺陷有夹渣、未焊透、________、________、________、________。

(2) 气焊设备装置有氧气瓶、乙炔瓶、________、________、________、________。

(3) 焊接高碳钢和铸件时,采用的气焊火焰是________焰。

(4) 手工电弧焊引弧有两种方法,即________法和________法。

(5) 有一个用钢板拼焊而成的工件,如下图所示。请在下表填入工件上各接头形式和焊接的空间位置(注:工件在焊接过程中不能翻转,但工人可以进入箱体内部进行手工电弧焊操作)。

标　号	接头形式	焊接位置
A 与 B		
B 与 C		
C 与 E		
D 与 E		
F 与 G		

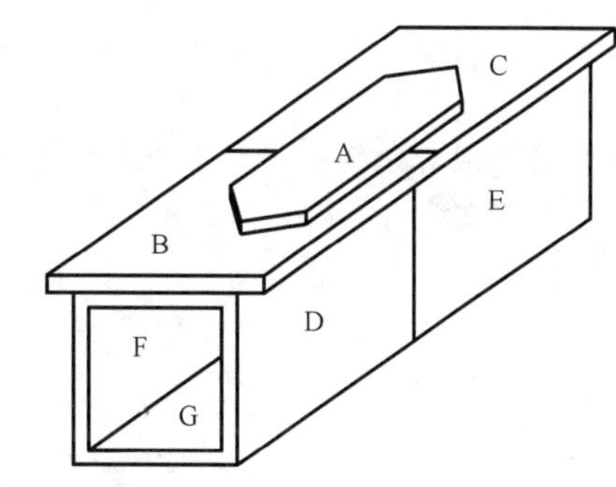

(二) 判断题(正确的打"√",错误的打"×"。每题 3 分,共 9 分)

(1) 在焊接过程中,焊条移动的速度越快越好。 (　　)

(2) 焊接电流过小易造成未焊透。 (　　)

(3) 焊条的直径越大,选择的焊接电流应越小。 (　　)

(三) 选择题(将正确答案的选项填入题中的空格处,其中有的为多选题。每题 3 分,共 9 分)

(1) 手工电弧焊引弧可用 ______。

a. 开关法

b. 摩擦法

c. 不接触法

(2) 下列焊接位置中,______的效率高、焊接质量较易保证。

a. 平焊

b. 立焊

c. 横焊

(3) 在手工电弧焊接中,正常弧的长度应该______。

a. 小于焊条直径

b. 等于焊条直径

c. 大于焊条直径

(四) 问答题(共 40 分)

(1) 怎样选择焊条直径和焊接电流？焊接电流为什么不能过大或过小？(16 分)

(2) 简述电焊条组成部分及其作用。(12 分)

(3) 能用氧气切割的材料必须具备哪些特点？(12 分)

第三部分　机械切削加工技术

训练5　车 削 工 艺

一、车削的原理、特点及应用

在车床上用车刀进行切削加工称为车削加工。车工是机械加工中最基本、最常用的工种。车床可以加工各种零件上的回转表面，应用十分广泛。车床一般约占机床总数的50%，车削具有刀具简单、加工范围广、切削过程平衡、加工材料广等特点，所以车床在机械制造中占有重要的地位。

车床加工精度可达到IT6～IT11，表面粗糙度 Ra 值为12.5～0.8 μm。

二、车削的实训内容及目的

(1) 了解普通车床的编号、车床的各组成部分及其作用。

(2) 了解车床的加工范围、车床附件、车刀的种类、车刀的刃磨和车刀的安装。

(3) 掌握车床操作要点，如正确使用车床刻度盘、试切、车削的基本步骤等。

(4) 掌握车端面、钻中心孔、车外圆和台阶、车圆锥面、切槽和切断、滚花等基本车削工艺。

(5) 了解孔加工、车螺纹等车削工艺。

三、车削实习安全操作规程

(1) 操作人员应穿紧身合适的布料防护服，即按本工种规定着装；严禁戴手套；留有长发时要戴防护帽。

(2) 操作者应佩戴防打击的护目镜。

(3) 开动机床前要详细检查机床上危险部件的防护装置是否安全可靠，电机上接地线是否完整有效，发现异常要及时维修，严禁带隐患操作。

(4) 在机床转动时，禁止用手调整机床和测量工件；禁止用手触摸机床的旋转部位；禁止取下安全护板或防护装置。不要用手清除切屑，而应用钩子、刷子或专门工具清除切屑。

(5) 操作时要站在机床侧面，严禁用手摸、扶、按转动工件或隔着转动工件取送物件，不准戴手套操作。

(6) 机床运转时,操作者不能离开工作地点。发现机床运转不正常时,应立即停车,请检修工检查。当停止供电时,要立即关闭机床或其他电动机构,并把刀具退出工作部位。

(7) 高速切削时,必须戴好防护眼镜,对切削下来的或缠在卡盘工件上的铁屑,要停车后除掉,严禁用手和油刷除屑。

(8) 加工完的工件,要放在安全位置,并摆放整齐、平稳,严禁将工件摞得过高或摆放在安全通道及床头上。

(9) 工作结束应关闭机床和电动机,拉下电源开关,把刀具和工件从工作位退出,清理机床、物件、工具和铁屑。

四、案例

实训项目:加工如下图所示的小榔头手柄。

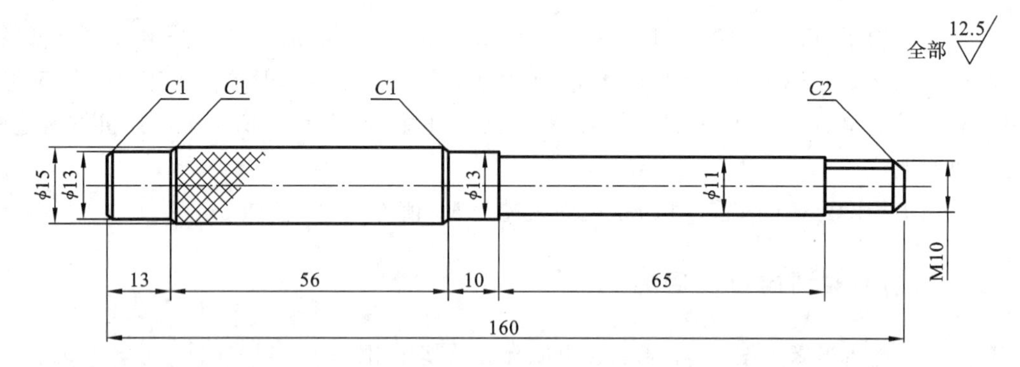

实训步骤如下:

(1) 车两端面。工件伸出 30 mm,并保证总长度 160 mm,转速 N=180~200 rad/min。

(2) 两端钻中心孔。孔深钻至中心钻头圆锥面 1/2 处,工件伸出长度 30 mm,转速 N=400~700 rad/min。

(3) 工件伸出长度 100 mm,用顶尖顶住中心孔并夹紧工件,车削外圆 ϕ15 mm×56 mm 及 ϕ13 mm×13 mm,转速 N=180~200 rad/min,切削深度 ap=1 mm。

(4) 用滚花刀滚花,转速 N=40~50 rad/min,倒角 $C1$。

(5) 调头夹 ϕ13 mm 处,同样是先顶后夹紧,刻出长度线 56 mm,车直径 ϕ13 mm×10 mm 和 ϕ11 mm×65 mm 两处,转速 N=230~300 rad/min。

(6) 松开卡爪,将工件伸出 30 mm,夹 ϕ11 mm 处,车削 $\phi 10_{-0.3}$ mm×16 mm,倒角 $C2$。

(7) 检查各尺寸合格后,用 M10 板牙套丝。

五、习题

(一) 看图填表题(每空 2 分,共 22 分)

今有如下图所示的车床,请按图中编号填写与之相对应的名称及功能(填表)。

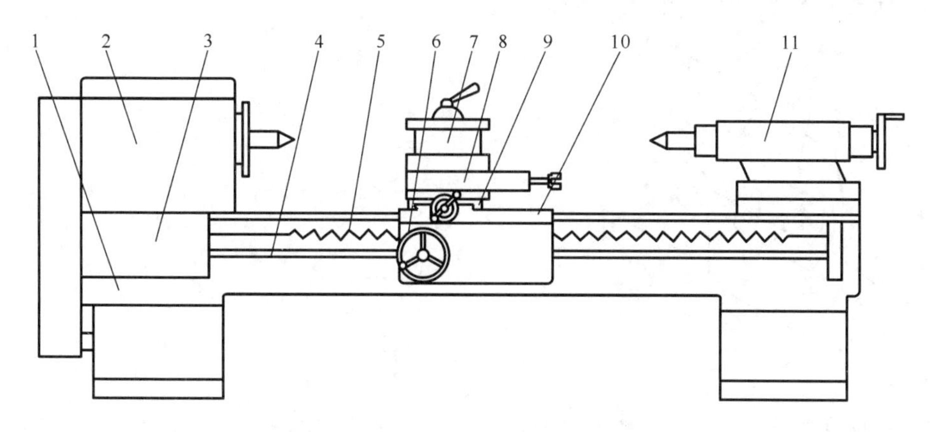

序号	名　　称	功　　能
1		
2		
3		
4		
5		
6		
7		
8		
9		
10		
11		

(二) 填空题(每空 1 分,共 25 分)

(1) 切削用量(车削用量)三要素是________、________和________。它们的单位分别是________、________和________。它们的代表符号分别是________、________和________。

(2) 机床的切削运动有________运动和________运动。车削加工时,工件的旋转是________运动,车刀的纵向(或横向)运动是________运动。

(3) 标出下图车刀头各部分的名称。

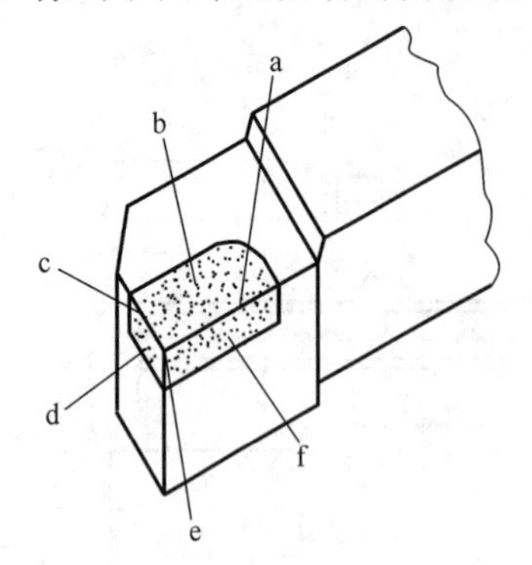

a. ____________;

b. ____________;

c. ____________;

d. ____________;

e. ____________;

f. ____________。

(4) 工件在车床上滚花以后，工件直径________滚花前的直径。(填大于、小于或等于)

(5) C6132E 的含义是：C 表示________；6 表示________；1 表示________；32 表示________；E 表示________。

(三) 问答题(每题 10 分，共 30 分)

(1) 主轴转速是否就是切削速度？当主轴转速提高时，刀架移动速度加快，这是否意味着送进量(进给量)的加大？

(2) 用中拖板(横溜板)进刀时，如果刻度盘的刻度多转了 4 格，可否直接退回 4 格？为什么？应当如何处理？

(3) 在车床切削加工过程中，车床所使用的刀具材料应具备哪些特性？

(四) 计算题(23 分)

某车床中拖板(横溜板)丝杠螺距为 5 mm，刻度盘为 100 格，如果工件毛坯直径为 ϕ40 mm，欲一次走刀将工件外圆切至直径为 ϕ38 mm，那么中拖板刻度盘应转过几格？

训练6 铣削工艺

一、铣削的原理、特点及应用

在铣床上用铣刀对工件进行切削加工的过程称为铣削。铣削可用来加工平面、台阶、斜面、沟槽、成形表面、齿轮和切断等，还可以进行钻孔和镗孔加工。

铣削加工的尺寸公差等级一般可达IT7～IT9，表面粗糙度Ra值为1.6～6.3 μm。铣刀是旋转使用的多齿刀具。铣削时，每个刀齿是间歇地进行切削，刀刃的散热条件好，可以采用较大的切削用量，是一种生产效率高的加工方法，特别适用于加工平面和沟槽。

铣削的主运动是铣刀的旋转运动，进给运动是工件的移动。

二、铣削的实训内容及目的

实训内容：在立式、卧式铣床上铣削平面、沟槽。

实训目的：通过操作铣床了解铣床的种类、铣刀及其安装，了解铣床主要附件的使用。基本掌握平面、直槽的铣削方法。

三、铣削实习安全操作规程

(1) 开机前，要检查铣床各操作手柄是否在正确位置，工件、夹具及刀具是否已夹持牢固，铣刀距离工件或夹具是否在安全距离范围内。

(2) 不得戴手套操作机床，不准用手摸正在运动的刀具，停车时不得用手去刹铣床的刀杆。

(3) 加工中精力要集中，不得聊天，不得离开机床。

(4) 变速、更换铣刀、装卸工件或测量工件时，都必须停车后再进行。

(5) 不得把工具、量具放在机床工作台上，精密量具使用时更要注意保养。

(6) 多人操作一台机床时，应分工明确，相互配合，开机前，必须注意其他人的站位是否安全。

(7) 清理工件周边铁屑时，不能用手拉或用嘴吹铁屑。工件加工完后，应将工件夹持在虎钳上用锉刀锉除毛刺，以免割手。

(8) 工作中如机床发出不正常声音或发生事故时，应立即停车，保持现场，同时报告指导教师，由老师来处理。

(9) 工作完后，应清扫机床，将各部件调整到正常位置，打扫实训现场卫生。

四、案例

实训项目：在立式铣床上，加工下图所示长方体上的15 mm宽的开口直槽。

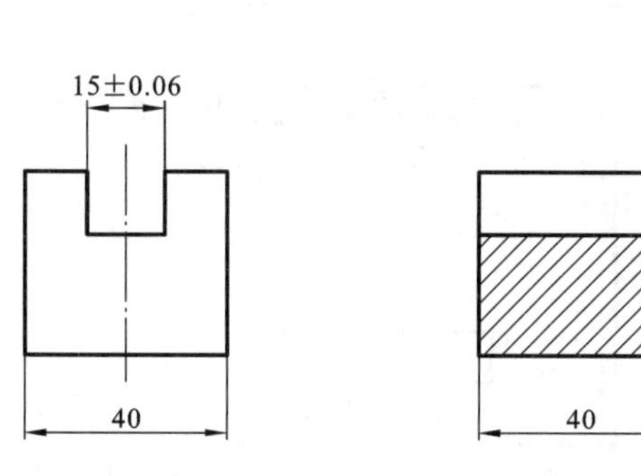

实训步骤如下：

(1) 用百分表校正机用虎钳钳口，安装 ϕ14 mm 立铣刀。

(2) 选择合适垫铁垫于虎钳钳口内，用机用虎钳夹持工件(工件直槽方向与机床纵向一致)，轻敲工件上表面以保证工件底面与垫铁完全贴合。

(3) 调整铣床工作台使铣刀中心与工件直槽中心线重合。

(4) 开机，工作台纵向往右移动，手动对刀，调整切深为 6 mm，缓慢手动纵向从左往右试切约 8 mm 长后，退回 2 mm，启动自动走刀开始铣削，直至开口直槽完全铣穿(刀具转速为 400 rad/min，纵向走刀速度为 24 mm/min)。

(5) 停机，测量槽深，计算槽深加工量；开机，上升工作台，调整槽深(留 1 mm 精铣余量)，从右往左铣削，方法同步骤(4)。

(6) 停机，测量槽的宽度、对称度及深度，计算槽靠内侧的加工余量及深度加工余量。

(7) 开机，上升工作台，调整直槽的深度，工作台横向往外移动，调整直槽的宽度，启动纵向自动走刀，从左往右铣削，直至铣穿(刀具转速为 560 rad/min，纵向走刀速度为 17 mm/min)。

(8) 停机，测量槽宽，计算直槽外侧加工量；开机，工作台横向往里移动，调整槽宽切削量，启动纵向自动走刀，从右往左铣削，方法同步骤(7)。

(9) 停机，测量，用平锉去除毛刺，打扫机床。

五、习题

(一) 看图填表题(“名称”栏每空 1 分，“作用”栏每空 3 分，共 32 分)

请标出下图中卧式铣床各部分的名称及作用。

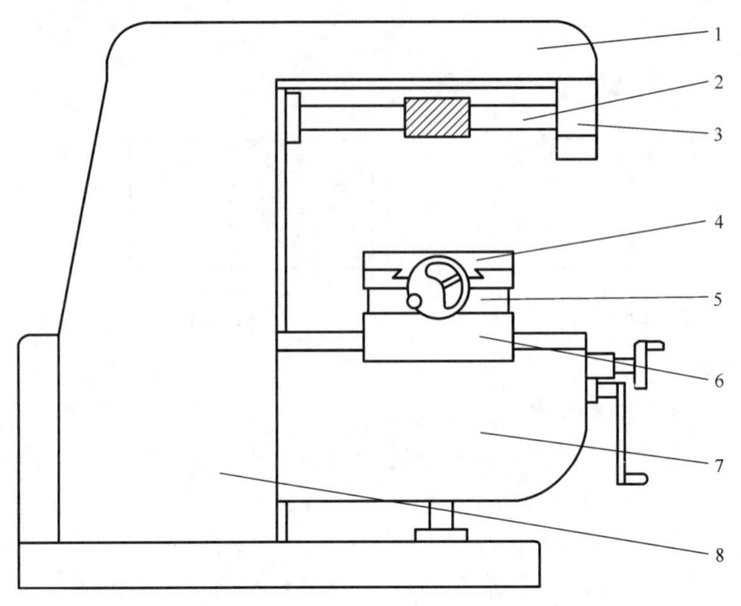

序号	名　　称	作　　用
1		
2		
3		
4		
5		
6		
7		
8		

(二) 填空题(每空 2 分,共 36 分)

(1) 你在实习中使用过的卧式铣床型号是________,立式铣床型号是________。

(2) 注意观察铣刀的形状和用途,并回答:

a. 铣平面时,常用的铣刀有__________、__________、__________和__________。

b. 铣直槽时,常用的铣刀有______________、______________和______________。

c. 铣角度槽时,常用的铣刀有______________和______________。

d. 齿轮加工的刀具有________和 ________。

(3) 卧式万能铣床的主运动是______________,进给运动是 ______________。铣削加工一般可达________精度,表面粗糙度 Ra 值不高于______________。

(4) 立式铣床与卧式铣床的主要区别在于:________________________。

(三) 判断题(正确的打"√",错误的打"×"。每题 2 分,共 8 分)

(1) 调整铣床主轴转速时可不必停机,直接变速。 ( )

(2) 用铣刀周边刀齿进行切削称为周铣发。 ( )

(3) 万能分度头的传动比 $i=1/40$。 ( )

(4) 齿轮只能在滚齿机上加工。 ( )

(四) 问答题(共 24 分)

(1) 铣削加工时为什么一定要用逆铣?(12 分)

(2) 铣削加工时为什么一定要开机对刀?(12 分)

训练7 刨削工艺

一、刨削的原理、特点及应用

在刨床上用刨刀对工件进行切削加工称为刨削加工。刨削加工的尺寸公差等级可达IT8～IT9，表面粗糙度 Ra 值可达1.6～3.2 μm。

刨削一般只用单刃刀具进行切削，返回时为空程，切削速度又较低，因此生产效率较低。刨削由于刀具简单，生产准备容易，加工调整灵活，故在单件小批生产及修配工件中应用较为广泛。

刨床的主要加工范围包括平面、垂直面、斜面、直槽、内孔表面、复合表面等。

牛头刨床是使用最为广泛的刨床，其主运动是滑枕的直线往复运动，进给运动是工作台的横向移动。

二、刨削的实训内容及目的

实训内容：在牛头刨床上刨削平面。

实训目的：通过操作刨床，了解牛头刨床的结构、刨刀及其安装，了解机用平口钳的正确使用方法。基本掌握平面及相邻面的刨削方法。

三、刨削实习安全操作规程

(1) 机床开动前检查机床各手柄是否处在正常位置。

(2) 开空车检查行程长度位置是否合适，严禁在开车时调整行程。滑枕前后不许站人。

(3) 调整行程时要用手摇动经过全行程，刀具不得接触工件，调整结束时手柄必须立即取下。

(4) 刨削前必须夹紧工件，必要时应使用虎钳扳手加力杆。

(5) 刀具不得伸出过长，刨刀一定要装牢。

(6) 工作台上不准摆放工具或其他杂物。

(7) 刨削时，头、手不要伸到刀架前进行检查。

(8) 不得用棉纱擦拭工件和机床的转动部位，机床不停稳不得测量工件。

(9) 禁止面对切削方向站立或测量工件，以防切屑飞出及被滑枕撞伤。

(10) 加工完毕用毛刷清扫铁屑，并清理实训场地，收好工具，将零件摆放整齐。

四、案例

实训项目：在牛头刨床上加工如下图所示的长条体工件。

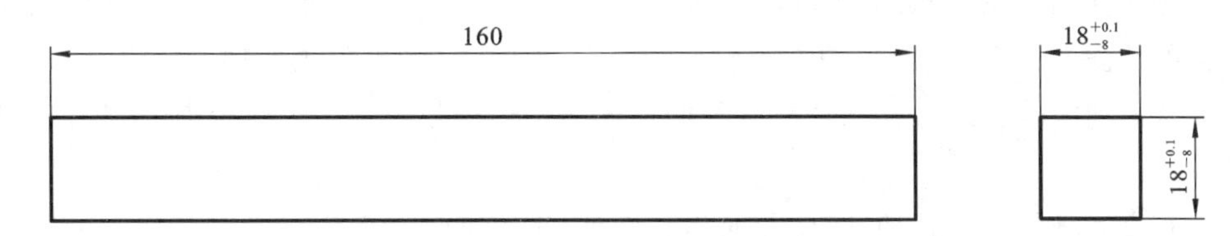

实训步骤如下：

(1) 用平口钳装夹工件，选用合适垫铁，使工件高出钳口 3～5 mm。装夹时用小锤向下轻击工件，使工件下表面与垫铁表面完全贴合。

(2) 用平面刨刀粗刨工件上平面，留 0.1 mm 精刨，精刨好后拆下工件。

(3) 将精刨好的平面靠贴在平口钳的固定面上，选择合适的垫铁夹紧工件。同刨削上平面一样刨削下平面。

(4) 同步骤(3)一样刨削好其余两平面，注意保证尺寸 18 mm。

五、习题

(一) 填空题(每空 2 分，共 56 分)

(1) 填写 B6066 牛头刨床型号的含义：

① B 表示________；② 60 表示________；③ 66 表示________。

(2) 填写下图引线所指的各部分的名称：

a. ________；
b. ________；
c. ________；
d. ________；
e. ________；
f. ________；
g. ________；
h. ________；
i. ________。

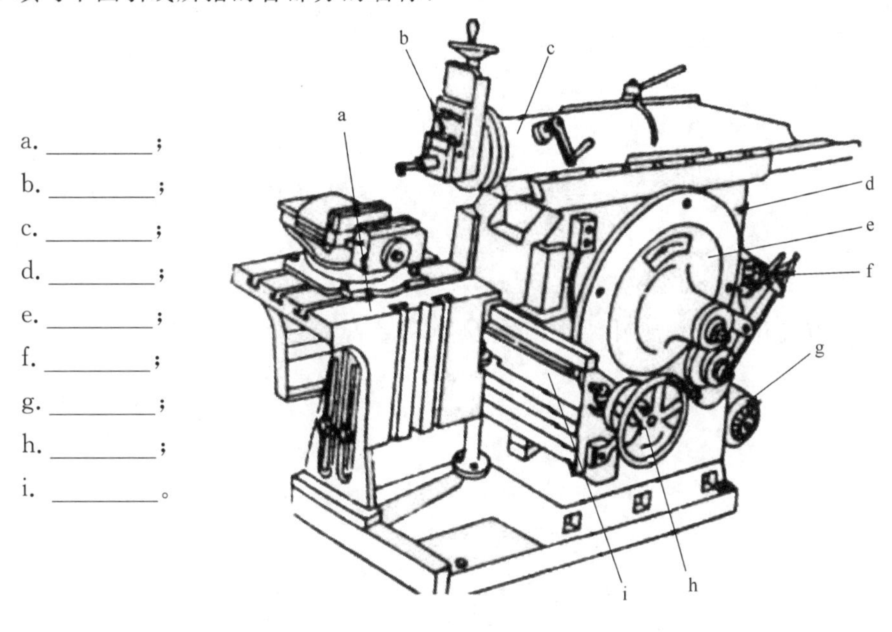

牛头刨床示意图

(3) 牛头刨床的主运动是____________，横向进给运动是____________，垂直进给运动是________。

(4) 牛头刨床是由________ 机构把电动机的旋转运动变为滑枕的______________运

动。牛头刨床工作台的间歇进给运动，是由________机构实现的，进给量的大小用调整________的位置来改变，进给方向靠改变________________的方位来实现。

(5) 牛头刨床的退刀行程比切削行程的速度快，是通过________机构来控制的，其目的是为了____。

(6) 在牛头刨床上能加工的表面有：平面、垂直面、________、________、________、________、________和________。

(二) 判断题(正确的打"√"，错误的打"×"。每题2分，共8分)

(1) 刨床的主运动为直线往复运动，工作行程速度快，回程速度慢。 (　　)

(2) 刨削加工的精度一般在IT8～IT10级。 (　　)

(3) 牛头刨床的滑枕行程位置、行程长度可以任意调整。 (　　)

(4) 在刨削加工过程中，可以随时调整刨削速度。 (　　)

(三) 问答题(每题18分，共36分)

(1) 牛头刨床刨削工件前，机床应做哪些方面的调整？如何调整？

(2) 刨床有哪几个种类？刨削加工的特点有哪些？

训练8　磨削工艺

一、磨削的原理、特点及应用

磨削加工是指利用砂轮作为切削工具，对工件的表面进行加工的过程。磨削是零件精密加工的主要方法之一，磨削加工的精度可达到IT5～IT7，表面粗糙度 Ra 值为0.2～0.8 μm，精磨后还可获得更小的表面粗糙度值，并可对淬火钢、硬质合金等普通金属刀具难于加工的高硬度材料进行加工。

磨削加工时，砂轮高速旋转是磨床的主运动，工作台的横向往复运动是磨床的进给运动。由于砂轮高速旋转，切削速度很快，会产生大量的切削热，因此磨削时需要使用大量的切削液来冷却、冲洗被加工部位。

磨削加工的用途很多，利用不同类型的磨床可以分别对外圆、内孔、平面、沟槽成形面(齿形、螺纹等)和各种刀具进行磨削加工。

二、磨削的实训内容及目的

实训内容：在平面磨床上磨削平面，观摩外圆磨床磨削轴类零件。

实训目的：通过操作磨床了解平面磨床的结构、砂轮的组成及其安装，了解电磁铁工作台的正确使用方法。基本掌握平面的磨削方法。

三、磨削实习安全操作规程

(1) 检查机床各部是否正常，检查砂轮是否残缺或有裂纹。检查各手柄是否在正常位置。

(2) 开机前，观察砂轮和工件之间是否有一定安全的距离，弄清砂轮进退手柄的旋转方向。

(3) 工作时，操作者不能正对着砂轮旋转方向站立，应站在其右侧面。

(4) 磨削时不能进刀过大，要缓慢进给，以免损坏砂轮，发生事故。

(5) 机床工作时不准调整机床、度量尺寸或用手触摸工件或砂轮。

(6) 磨床冷却液若因故停止应立即停止磨削，不得在无冷却液时强行磨削工件。

(7) 装卸工件、擦拭工作台时，必须使砂轮离开工件并关闭砂轮，等砂轮完全停止后方能进行。

(8) 实训结束后，应清扫机床上的切屑，擦净机床，断开机床电源开关；清理场地，收好工量具。

四、案例

实训项目:在平面磨床上磨削如下图所示的平板。

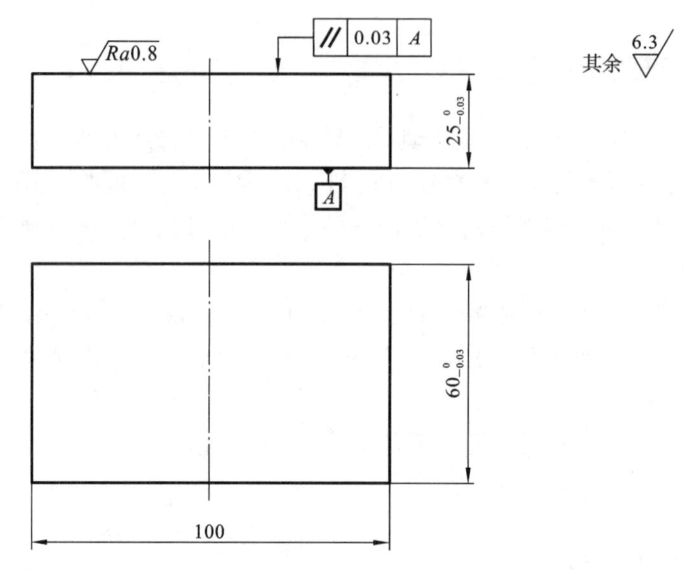

实训步骤如下:

(1) 去除基面毛刺,擦净磁性吸盘表面和工件基面。

(2) 将工件基面朝下吸附于磁性吸盘中间。

(3) 调整砂轮与工件的相对位置,调整工作台行程,以保证砂轮行程均超过工件的长度和宽度,并且超过的行程要合适。

(4) 启动砂轮,启动油泵,手动控制砂轮架垂直向下慢慢移动,直至砂轮与工件轻轻接触。

(5) 砂轮退出到工件以外时,迅速手动控制砂轮架向下移动进刀,粗磨时每次进刀控制在0.02 mm以下,工作台往复移动速度保持12 m/min,砂轮架横向移动速度为每次移动2 mm。

(6) 加工完毕后,测量工件尺寸,消磁,打扫机床。

五、习题

(一) 填空题(每空2分,共64分)

1. 砂轮由________、________和________组成。

2. 磨床工作台的自动纵向进给是__________传动,其优点是________________、________________、________________、________________。

3. 砂轮硬度是指________________________。磨削较硬的材料应选用________砂轮,磨削较软的材料应选用________砂轮。

4. 砂轮在安装前需经过________________和________________,其目的是________________________________。

5. 磨削外圆时工件做________运动及________运动，砂轮做________运动及________运动。

6. 磨削加工的范围是________、________、________、________、________、________。

7. 平面磨削分为________和________两种方法。

8. 磨外圆锥面与外圆面的操作基本________，只是________和________的相对位置不一样，工件的轴线与砂轮轴线________，可通过转动________或________形成。

(二) 判断题(正确的打"√"，错误的打"×"。每题 2 分，共 12 分)

(1) 外圆磨削时，为了减少安装误差，在磨床上使用的顶尖都是活动顶尖。（　　）

(2) 磨削硬材料时应选用硬砂轮。（　　）

(3) 磨削的实质是一种多刀多刃的超高速切削过程。（　　）

(4) 用金属刀具很难甚至不能加工的金属工件可以用磨削的方法进行切削加工。（　　）

(5) 磨床工作台的纵向进给及砂轮的横向进给均系液压传动，因而是无级调速。（　　）

(6) 粗磨时选用颗粒较大的砂轮，精磨时选用颗粒较细的砂轮。（　　）

(三) 问答题(共 24 分)

(1) 磨削加工有哪些特点？为什么会有这些特点？(12 分)

(2) 平面磨床常用的磨削方法有哪几种？各自的特点是什么？(12 分)

训练9 钳工工艺

一、钳工的原理、特点及应用

钳工是手持工具对工件进行加工的工作。钳工的基本操作包括划线、錾削、锯削、锉削、钻孔、攻丝(攻螺丝)、套扣(套螺纹)、刮削、研磨、装配和修理等。钳工的常用设备有钳工工作台、台虎钳、台钻等。

钳工是目前机械制造和修理工作中不可缺少的重要工种,其主要特点如下:

(1) 工具简单,成本低;

(2) 加工灵活,方便,能够加工形状复杂、质量要求较高的零件;

(3) 劳动强度大,生产效率低,对工人技术水平要求高。

即使现在各种先进机床不断出现,在机械制造过程中,钳工加工仍然是不可缺少的。

钳工的种类繁多,应用范围很广,钳工有明显的专业分工,如普通钳工、划线钳工、模具钳工、装配钳工、修理钳工等。钳工的应用范围主要包括:

(1) 在单件小批生产中加工前的准备工作,如毛坯表面的清理、工件上的划线等;

(2) 零件装配成机器之前进行的钻孔、铰孔、攻丝和套扣等工作,装配时互相配合零件的修整,整台机器的组装、试车和调整等;

(3) 精密零件的加工,如锉制样板,刮削机器和某些量具的配合表面,以及夹具、模具的精加工等;

(4) 机器设备的维修等。

二、钳工的实训内容及目的

实训内容:制作一个小锤头,拆装齿轮泵。

实训目的:通过锯、锉、划线、钻孔、攻丝制作小锤头,熟悉钳工的主要加工方法和应用,掌握钳工常用工具、量具的使用方法。了解简单产品装配的基本操作。

三、钳工实习安全操作规程

(1) 工件必须牢固地夹在台虎钳上,夹小型工件时,应当心手指被夹伤。

(2) 不可使用没有手柄的或手柄已松动的锉刀,如遇锉刀柄松动时必须装紧。

(3) 使用手锤前,要检查锤头与手柄的配合是否牢固;挥动手锤时,必须正确选择挥动方向,以免锤头脱出伤人。

(4) 禁止用一种工具代替其他工具使用,如用扳手代替手锤,用钢尺代替螺丝刀,用管子接长扳手柄等,因为这样会损坏工具或发生意外伤害事故。

(5) 操作台钻时不得用手接触主轴和钻头,不得用手直接扶持工件钻孔,禁止用手直接清理钻屑。

(6) 实训结束后,应对工具进行清点并擦拭干净,将所有工具放入指定位置,清理工作台,打扫实训场地。

四、案例

实训项目:制作如下图所示的小锤。

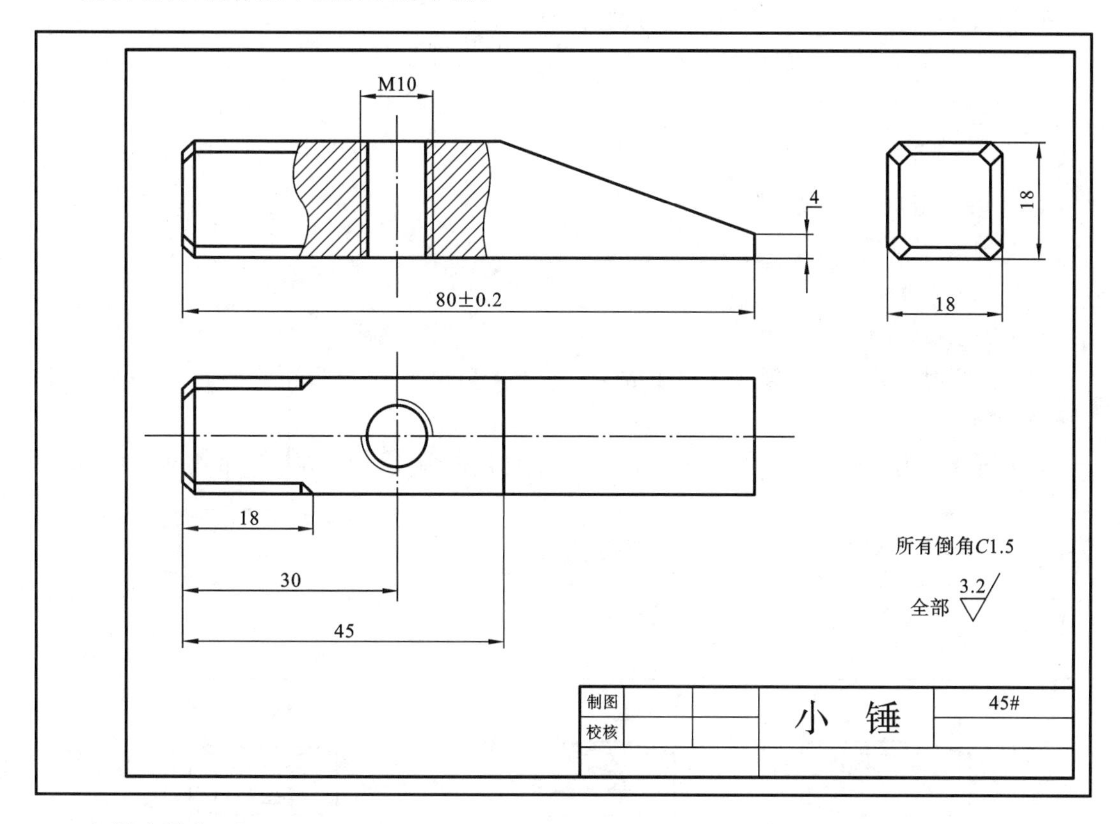

实训步骤如下:

(1) 用钢尺、划针在工件正中央划一条切断线。

(2) 将工件水平装夹在台虎钳右侧,正中划线处要露出右侧钳口 25 mm 左右。

(3) 用手锯在划线处锯断工件,并从台虎钳上卸下工件。

(4) 划出小锤斜面轮廓线。

(5) 将小锤斜向夹持在台虎钳上,利用角尺校正小锤斜面线,使斜线垂直于钳口并夹紧工件。

(6) 小心锯出斜面。

(7) 将小锤最大面朝上,水平装夹小锤。

(8) 用平面锉刀,先用推锉法粗锉平面,再用顺向锉法和推锉法精锉平面。

(9) 用透光法检验工件的平面度。

(10) 用同样方法锉平小锤各面。

(11) 用平锉按要求锉出锤头部分各处倒角。

(12) 用划线工具划出小锤 M10 孔的轮廓及圆心。

(13) 将小锤水平装夹在台钻的平口钳上。

(14) 在台钻上钻出 ϕ8.5 mm 通孔。

(15) 将钻好孔的工件水平装夹在台虎钳上,用 M10 丝锥攻丝,注意先用头攻丝锥攻穿全孔,再用二攻丝锥攻一遍。

(16) 最后用细齿锉对小锤各面进行抛光。

(17) 清扫钳台及实训现场。

五、习题

(一) 填空题(每空 2 分,共 48 分)

(1) 划线工具有________、________、________、________、________、________、________、样冲等。

(2) 锯条按齿距大小分为________、________、________三种。

(3) 锉削时人站立的位置应与虎钳成________度角,________脚在前,________脚在后,身体略微前倾________度。

(4) 若要锉削下列工件上有阴影的表面时,应使用何种锉刀?(在图下的横线上填写)。

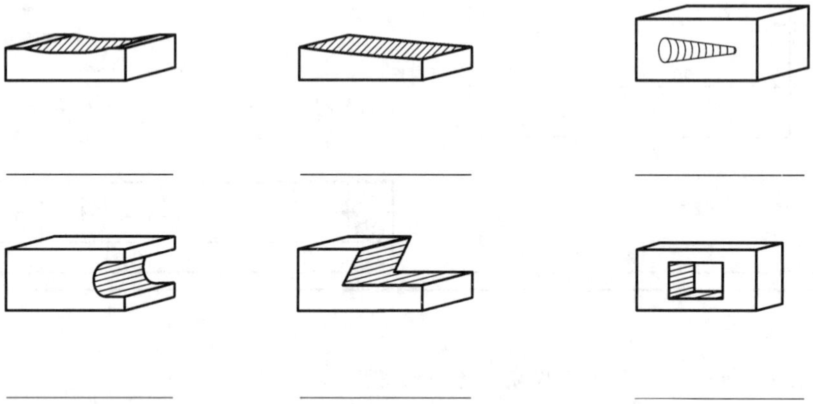

________　　________　　________

________　　________　　________

(5) 攻丝是用________加工________的操作,套扣是用________加工________的操作。

(二) 选择题(每题 2 分,共 10 分)

(1) 手工起锯的适宜角度约为________。

a. 0°　　b. 15°

c. 30°　　d. 45°

(2) 锯条安装时松紧要适当,太紧时锯条容易________,太松时锯条容易扭曲,也可能折断,而且锯出的锯缝易发生________。

a. 磨损　　b. 崩齿

c. 折断　　d. 歪斜

（3）锯割薄壁管子和薄材料时应选用________锯条，其原因主要是保证锯条有三个牙齿以上能接触工件，这样才能使锯条不易________。

a. 粗齿　　　　　　　　b. 细齿

c. 折断　　　　　　　　d. 崩齿

（4）锉削时的速度一般为每分钟 30～60 次，速度太快容易疲劳和________。

a. 使工件表面锉不平

b. 加快锉齿的磨损

c. 使齿间易嵌入切屑

（5）锉刀的种类很多，按齿纹分有________和________两种。按锉刀齿纹的齿距大小一般可分为粗锉刀、中锉刀和细锉刀。普通锉刀按其________的不同又分为平锉、方锉、半圆锉、圆锉、三角锉五种。

a. 长短　　　　　　　　b. 断面形状

c. 单齿纹　　　　　　　d. 双齿纹

e. 锉外表面及内表面

（三）工艺题（共 42 分）

对如图所示的涡轮箱，要求进行加工前的划线。说明如何选择划线基准，并请按表填写划线步骤。

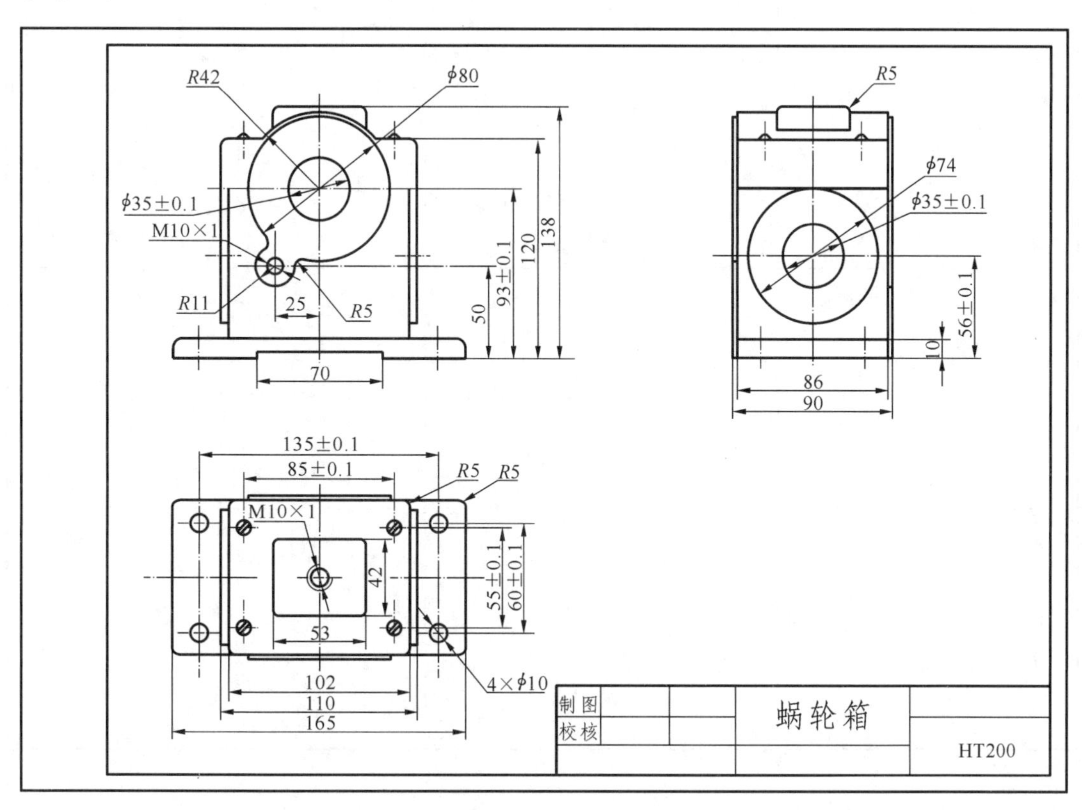

(1) 如何选择划线基准。(10 分)

(2) 将涡轮箱的划线步骤填入下表。(32 分)

序号	操 作 内 容	划 线 简 图	工　量　具
1			
2			
3			
4			

第四部分　先进机械加工技术

训练10　数 控 车 削

一、数控车削的原理、特点及应用

数控车床又称为CNC车床，即计算机数字控制车床，是国内使用量最大、覆盖面最广的一种数控机床，约占数控机床总数的25%。数控机床是集机械、电气、液压、气动、微电子和信息等多项技术为一体的机电一体化产品，是机械制造设备中具有高精度、高效率、高自动化和高柔性化等优点的工作母机。数控车床是数控机床的主要品种之一，它在数控机床中占有非常重要的位置，几十年来一直受到世界各国的普遍重视并得到了迅速的发展。

数控车床主要用于轴类零件或盘类零件的内外圆柱面、任意锥角的内外圆锥面、复杂回转内外曲面和圆柱、圆锥螺纹等切削加工，并能进行切槽、钻孔、扩孔、铰孔及镗孔等。由于在实际生产中使用数控车床加工复杂形状的零件，不仅提高了劳动生产效率和加工质量，而且缩短了生产准备周期和降低了对工人技术熟练程度的要求，因此它成了单件、小批量生产中实现技术革新和技术革命的一个重要的发展方向。

二、数控车削的实训内容及目的

(1) 了解数控车床的结构特点。

(2) 熟悉数控车床的操作面板。

(3) 掌握简单回转体零件的数控编程。

(4) 能够独立完成简单回转体零件的数控车削加工过程。

三、数控车削实习安全操作规程

(1) 严禁穿拖鞋、凉鞋、软底鞋进入实习现场，以防止被切屑划伤。

(2) 应正确地穿着符合安全要求的服装进入现场。注意袖口、衣服下摆的安全性，以防被卷入机器。

(3) 女同学或头发长过肩的男同学必须将头发戴入符合安全要求的帽子内，以防头发被卷入机器。

(4) 在切削加工操作时应戴防护眼镜，以防切屑伤眼。

(5) 在现场严禁戴耳机或挂耳机，在操作时或在运转的设备附近严禁聊天或使用手机，以保持安全警觉，以保证对意外事故能及时做出正确反应。

(6) 不得戴手套操作机床；开机前，要检查工件、夹具及刀具是否已夹持牢固、车刀距离工件或夹具是否在安全范围内；严禁在未取下卡盘扳手前启动车床，以防扳手飞出伤人。

(7) 不得把工具、量具放在机床工作台上，精密量具使用时更要注意保养。

(8) 更换车刀、装卸或测量工件时，都必须停车并按下“急停”按钮后再进行。

(9) 启动程序前要进行手动验核并关闭安全窗，加工过程中不许打开窗门。

(10) 操作出现意外时，应及时关断故障设备。

(11) 不得打开配电柜门触动其中的开关及线路，以防触电；禁止学生触动非允许使用的设备按钮、手柄、工装，以防出现安全事故。

(12) 多人操作一台机床时，应分工明确，相互配合，开机前，必须注意其他人的站位是否安全。

(13) 清理工件周边切削屑时，不能用手拉或用嘴吹铁屑。工件加工完后，应将工件夹持在虎钳上用锉刀锉除毛刺，以免割手。

(14) 工作中如机床发出不正常声音或发生事故时，应立即停车，保持现场，同时报告指导教师，由老师来处理。

(15) 实训完成后，应清扫机床，将各部件调整到正常位置，打扫现场卫生。

四、案例

实训项目：回转体零件的车削加工。

设备工具：数控车床、ϕ32 mm 实心棒料、游标卡尺、直尺、外圆刀、切断刀、扳手。

实训步骤如下：

(1) 设计零件(尺寸不超过 ϕ32 mm×70 mm)，绘制加工图纸，并根据图纸完成手动编程。

(2) 按下电源键，启动机床，回参考点。

(3) 确认按下“急停”按钮，使用扳手旋开卡爪，将棒料放入卡盘中间调整至合适长度后旋紧。

(4) 旋开“急停”按钮，试切对刀。

(5) 关闭防护门，在控制面板中输入程序后进行校验。

(6) 校验无误，启动加工。

(7) 加工完毕，按下“急停”按钮，打开防护门，取出工件。

(8) 关闭机床电源，清理机床，整理工具。

五、习题

(一) 填空题(每空 2 分，共 20 分)

(1) 数控机床主要由编制加工程序、输入装置、________、________、________、测量反馈装置及机床本体等组成。

(2) 数控车床按伺服系统的控制方式不同,可分为________、________和________三种类型。

(3) 数控机床标准坐标系采用笛卡尔直角坐标系,规定空间直角坐标系 X、Y、Z 轴三者的关系及其方向关系用____________判断。

(4) 直线插补指令 G01 的特点是刀具以________的方式由某坐标点移到另一坐标点,由指令 F 设定________。

(5) 数控车床一般为两轴坐标系,主轴轴线方向为________。

(二) 判断题(正确的打"√",错误的打"×"。每题 2 分,共 12 分)

(1) 数控装置接受到"执行"的指令信号后,即可直接驱动伺服电机进行工作。 ( )

(2) 闭环控制的优点是精度高、速度快,适用于大型或高精度的数控机床。 ( )

(3) G 代码可分为模态 G 代码和非模态 G 代码。 ( )

(4) G00 代码的功能为直线插补。 ( )

(5) M03 为主轴反转指令,M04 为主轴正转指令。 ( )

(6) 数控车床刀具远离工件的方向为负方向,刀具趋近工件的方向为正方向。 ( )

(三) 简答题(共 48 分)

(1) 数控车床与普通车床有什么区别?(15 分)

(2) 什么是脉冲当量?(12 分)

(3) 数控车床的结构特点是什么。(21 分)

(四) 编程题(20 分)

采用数控车床编程,加工如右图所示的零件。

材料:ϕ30 mm 塑料棒。

刀具:1#外圆刀;2#切断刀。

要求:(1) 标出图中基点并进行计算;

(2) 编写程序。

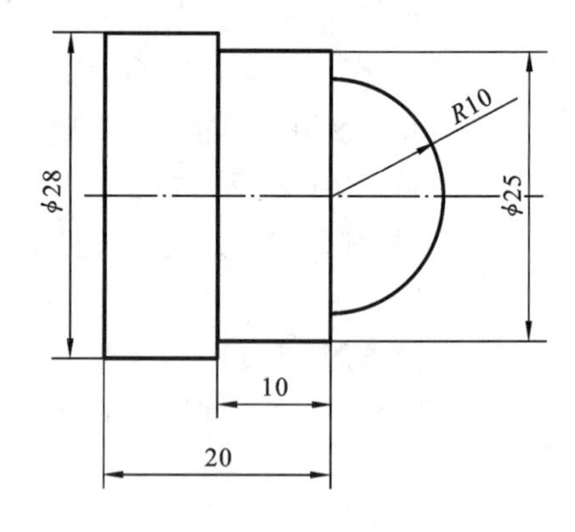

训练 11　数 控 铣 削

一、数控铣削的原理、特点及应用

铣削加工是机械加工中最常用的加工方法之一，它主要包括平面铣削和轮廓铣削，也可进行钻、扩、铰、镗加工及螺纹加工等。

数控铣床能铣削平面、沟槽和曲面，还能加工复杂的型腔和凸台，数控铣削加工包括平面的铣削加工、二维轮廓的铣削加工、平面型腔的铣削加工、钻孔加工、镗孔加工、攻螺纹加工、箱体类零件加工及三维复杂型面的铣削加工。数控铣削加工的工艺设计是在普通铣削加工工艺的基础上，结合数控铣床的特点，充分发挥其优势。

二、数控铣削的实训内容及目的

(1) 了解数控铣床的结构特点。

(2) 熟悉数控铣床的操作。

(3) 掌握二维轮廓的数控铣削编程。

(4) 能够独立完成简单零件的数控铣削加工。

三、数控铣削的安全操作规程

(1) 严禁穿拖鞋、凉鞋、软底鞋进入实习现场，以防止被切屑划伤。

(2) 应正确地穿着符合安全要求的服装进入现场。注意袖口、衣服下摆的安全性，以防被卷入机器。

(3) 女同学或头发长过肩的男同学必须将头发戴入符合安全要求的帽子内，以防头发被卷入机器。

(4) 在切削加工操作时应戴防护眼镜，以防切屑伤眼。

(5) 在现场严禁戴耳机或挂耳机，在操作时或在运转的设备附近严禁聊天或使用手机，以保持安全警觉，以保证对意外事故能及时做出正确反应。

(6) 不得戴手套操作铣床；开机前，要检查工件、夹具及刀具是否已夹持牢固、铣刀距离工件或夹具是否在安全范围内。

(7) 不得把工具、量具放在铣床工作台上，精密量具使用时更要注意保养。

(8) 装卸或测量工件时，都必须停机并按下“急停”按钮后再进行。

(9) 启动程序前要进行手动验核并关闭安全窗，加工过程中不许打开窗门。

(10) 操作出现意外时，应及时关断故障设备。

(11) 不得打开配电柜门触动其中的开关及线路，以防触电；禁止学生触动非允许使用的设备按钮、手柄、工装，以防出现安全事故。

(12) 多人操作一台铣床时,应分工明确,相互配合,开机前,必须注意其他人的站位是否安全。

(13) 清理工件周边切削屑时,不能用手拉或用嘴吹铁屑。工件加工完后,应将工件夹持在虎钳上用锉刀锉除毛刺,以免割手。

(14) 实训中如铣床发出不正常声音或发生事故时,应立即停车,保持现场,同时报告指导教师,由老师来处理。

(15) 实训完成后,应清扫铣床,将各部件调整到正常位置,打扫现场卫生。

四、案例

实训项目:二维轮廓的铣削加工。

设备工具:数控铣床、200 mm×150 mm×20 mm 铝板、游标卡尺、直尺、ϕ10 mm 铣刀。

实训步骤如下:

(1) 设计零件(尺寸设计时要考虑刀口宽度),绘制电子版加工图纸,并使用 CAXA 制造工程师软件完成自动编程。

(2) 按下电源键,启动铣床,回参考点。

(3) 确认按下"急停"按钮,选择合适高度的垫铁,铝板平放在垫铁上后夹紧。

(4) 旋开"急停"按钮,试切对刀。

(5) 关闭防护门,输入程序。

(6) 校验无误,启动加工。

(7) 加工完毕,按下"急停"按钮,打开防护门,取出工件。

(8) 关闭铣床电源,清理铣床,整理工具。

五、习题

(一) 填空题(每空 2 分,共 20 分)

(1) 数控铣床按运动轨迹分类的三种数控系统是____________、____________和____________。

(2) 数控加工中心本身的结构分为两大部分:一是__________,二是__________。

(3) 数控铣床与数控加工中心的主要区别是设置有________和________。

(4) 按伺服系统控制方式不同,数控铣床可分为____________、____________和全闭环控制系统等三类型。

(5) 数控铣床默认的加工平面是________。

(二) 判断题(正确的打"√",错误的打"×"。每题 2 分,共 10 分)

(1) 数控铣床在自动加工过程中,进给倍率归零后,铣床处在暂停状态。 ( )

(2) 数控铣床的主轴调速技术一般采用的是 PLC 技术。 ( )

(3) 数控铣床编程研究的是工作台的运动轨迹。 ( )

(4) 多品种小批量加工和单件加工选用数控设备最合适。　(　　)

(5) 数控铣床能铣削平面、沟槽和曲面，还能加工型腔和凸台。　(　　)

(三) 简答题(共 70 分)

(1) 简述数控铣床的基本组成。(20 分)

(2) 简述数控加工中心的结构特点。(18 分)

(3) 数控铣床送电后,为什么要首先做一次手动参考点复归?(12 分)

(4) 简述数控技术的发展趋势。(20 分)

训练12 数控电火花线切割

一、数控电火花线切割的原理、特点及应用

线切割机床(Wire cut Electrical Discharge Machining,简称WEDM),属电加工范畴,其原理是自由正离子和电子在场中积累形成一个被电离的导电通道,两板间形成电流,导致粒子间发生无数次碰撞形成等离子区,并很快升高到8000~12000 ℃的高温,在两导体表面瞬间熔化一些材料。同时,由于电极和电介液的汽化形成气泡,并且它的压力有规律地上升直到非常高,然后电流中断,温度突然降低,引起气泡内向爆炸,产生的动力把熔化的物质抛出弹坑,最后被腐蚀的材料在电介液中重新凝结成小的球体,并被电介液排走。通过NC控制的监测和管控,伺服机构执行,使这种放电现象均匀一致,从而达到加工物被加工,使之成为合乎要求的尺寸大小及形状精度的产品。

电火花线切割机按走丝速度可分为高速往复走丝电火花线切割机(俗称"快走丝")、低速单向走丝电火花线切割机(俗称"慢走丝")和立式自旋转电火花线切割机三类,又可按工作台形式分成单立柱十字工作台型和双立柱型(俗称"龙门型")。

二、数控电火花线切割的实训内容及目的

(1) 熟悉电火花线切割机床的加工原理、结构及其使用规则与操作步骤。

(2) 了解3B程序编写方法。

(3) 了解基于HL系统的绘图编程及应用、复杂曲线的建模及DXF文件的输出方法。

(4) 掌握基于CAXA线切割的轨迹仿真及程序生成方法。

(5) 了解电火花线切割表面质量控制及断丝原因分析方法。

三、数控电火花线切割实习安全操作规程

(1) 按要求着装规范,遵守工程实训纪律。

(2) 开机前,按设备润滑图表注油,手摇纵向、横向移动工作台,检查走动是否轻快,转动运丝机构,检查是否灵活。

(3) 工作前,应根据工件的材料、厚度,选择适当的加工电流及功率管数量。

(4) 输入编辑后的程序,加工前先模拟运行加工程序,检查程序正确无误后再正式加工。

(5) 启动冷却泵、运丝电机,输入程序,空转5 min后方可加工。

(6) 在钼丝运转情况下,才可开高频电源(60~80 V),停机时,先关高频电源。

(7) 钼丝接触工件时,应开冷却液,不许在无冷却液的情况下加工。

(8) 发生故障,应立即关闭高频电源。

(9) 严禁用手接触电极丝,不准用湿手接触开关及电器。

(10) 停机前,程序复位,关闭冷却泵、运丝电机;关闭机床电控总开关,关闭电控柜空气开关。

四、案例

实训项目:基于 CAXA 线切割软件加工如下图所示的五角星。

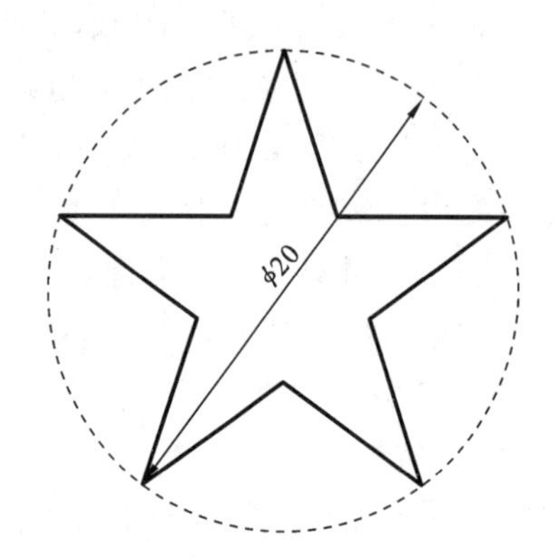

实训步骤如下:

(1) 在 CAXA 线切割软件中绘制如上图所示的五角星图形。

(2) 根据所绘五角星图形生成线切割轨迹。

(3) 根据轨迹生成 3B 代码。

(4) 将代码导入线切割机床。

(5) 按照线切割机床的操作步骤完成五角星的加工。

五、习题

(一) 填空题(每空 5 分,共 25 分)

(1) 电火花线切割加工时,在电极丝和工件之间进行____________放电。

(2) 电火花线切割机床按走丝速度可分为________走丝、________走丝。

(3) 电火花线切割编程的方法分为____________编程、____________编程。

(二) 判断题(正确的打“√”,错误的打“×”。每题 5 分,共 15 分)

(1) 线切割机床由控制系统和机床本体组成。 ( )

(2) 电火花线切割可以加工一定锥度的通孔。 ( )

(3) 线切割机床的控制系统包括运丝机构、坐标工作台和工作液循环系统等。 ( )

(三) 选择题(每题 5 分,共 15 分)

(1) 电火花线切割时电极丝接脉冲电源的______,工件接脉冲电源的______。

a. 正极 负极　　　　b. 负极 正极

(2) 要使电火花加工顺利进行，必须保证每来一个电脉冲时在电极丝和工件之间产生的是______。

a. 火花放电　　　　　　b. 电弧放电

(3) 中走丝线切割机床是在______的基础上加以改进形成的一种新型线切割机床。

a. 慢走丝　　　　　　b. 快走丝

(四) 简答题(共 45 分)

(1) 试述线切割机床的分类。(20 分)

(2) 简述线切割机床的工艺特点和应用范围。(25 分)

训练 13　3D 打印技术

一、工种概述

3D 打印技术集成了 CAD 技术、数控技术、激光技术和材料技术等现代科技成果，是先进制造技术的重要组成部分。由于它是把复杂的三维制造转化为一系列二维制造的叠加技术，因而可以在不用模具和工具，只需修改 CAD 模型的条件下生成任意复杂的零部件，极大地提高了生产效率和制造柔性。

与传统制造方法不同，3D 打印技术从零件的 CAD 几何模型出发，通过软件分层离散和数控成型系统，用激光束或其他方法将材料堆积而形成实体零件。通过与数控加工、铸造、金属冷喷涂、硅胶模等制造手段相结合，已成为现代模型、模具和零件制造的强有力手段，在航空航天、汽车摩托车、家电等领域得到了广泛应用。

二、3D 打印的实训内容及目的

(1) 了解 3D 打印机的结构特点。

(2) 熟悉桌面 3D 打印机的操作方法。

(3) 学会使用 CAXA 软件建立简单的三维模型。

(4) 能够独立完成三维模型的打印。

三、3D 打印实习安全操作规程

(1) 应正确地穿着符合安全要求的服装进入现场。

(2) 在现场严禁戴耳机或挂耳机，在操作时严禁聊天或使用手机。

(3) 正确使用铲刀及尖嘴钳等工具，避免划伤。

(4) 打印过程中喷嘴温度较高，禁止直接用手触碰，避免烫伤。

(5) 不得打开配电柜门触动其中的开关及线路，以防触电。

(6) 教室内禁止学生随意走动、嬉戏，以防出现安全事故。

(7) 严格按照现场安全操作规程完成准备、操作、清理等工作。

四、案例

实训项目：三维模型的打印。按下图所示的模型完成 3D 打印。

设备工具：3D 打印机、丝状耗材、尖嘴钳、铲刀、手套、CAXA 软件。

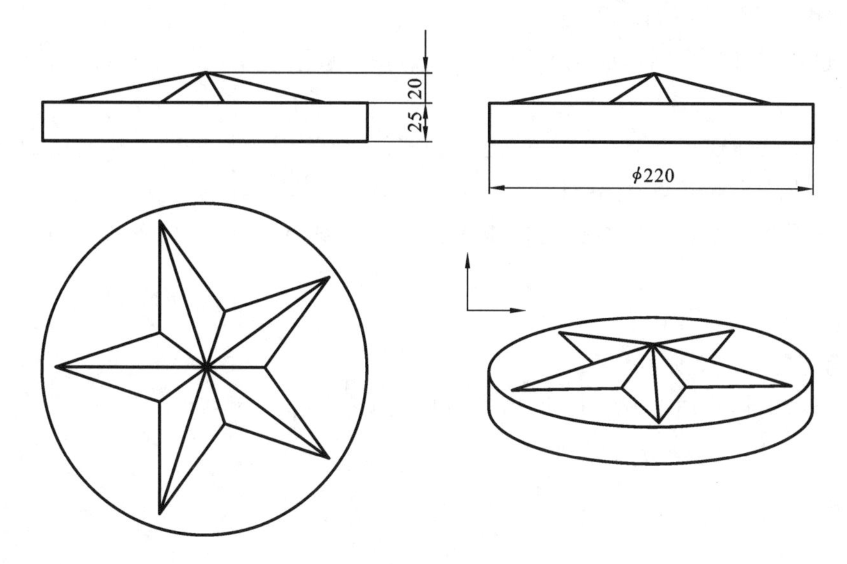

实训步骤如下：

(1) 使用 CAXA 软件建立如图所示的模型，保存格式为 stl。

(2) 确定打印机上有打印板，且已夹稳。

(3) 打开打印机电源。

(4) 打开打印软件。

(5) 软件初始化，预热喷嘴，调平打印平台，输入喷嘴高度。

(6) 导入模型，设置打印参数。

(7) 开始打印，可通过打印机上方观察打印过程，若打印高度不对，可中断打印，调整喷嘴高度后继续打印。

(8) 打印结束，关闭打印机电源，整理工作台。

五、习题

(一) 填空题(每空 2 分，共 20 分)

(1) 快速成形技术集成了________、________、________和________等现代科技成果，是先进制造技术的重要组成部分。

(2) 当前 3D 打印机有________和________两种类型，其区别主要是成形技术。

(3) SLS 是通过控制激光束对金属粉末薄层逐点地进行________和________，使其固化成截面形状。

(4) FDM 工艺可选择的材料包括________、________以及二者的混合材料等。

(二) 判断题(正确的打“√”，错误的打“×”。每题 2 分，共 10 分)

(1) 快速成形技术只能用于制造形状较为简单的零部件。 (　　)

(2) 快速成形技术已成为现代模型、模具和零件制造的强有力手段，在航空航天、汽车、

家电等领域得到了广泛应用。 ( )

(3) 通过添加材料来制造原型的加工方式是快速成形技术区别于传统的机械加工方式的显著特征。 ( )

(4) 所有的快速成形都是一层一层地制造零件,所不同的是每种方法所用的材料不同,制造每一层添加材料的方法也不同。 ( )

(5) 快速成形技术可以使数据模型转化为物理模型,有效地提高新产品的设计质量,缩短新产品的开发周期。 ( )

(三) 简答题(共 70 分)

(1) 与传统的切削加工方法相比,快速成形加工的特点有哪些?(18 分)

(2) 简述快速成形的工艺过程。(12 分)

(3) 简述几种典型快速成形工艺(SLA、SLS、LOM、FDM)的优缺点。(40 分)

训练 14　激光雕刻技术

一、激光雕刻的原理、特点及应用

激光雕刻又称激光打标、镭射打标等，是一种表面处理特种加工工艺。它利用具有较高能量密度的激光束照射在被加工材料表面，材料表面吸收激光能量，在照射区域内产生热激发过程，从而使材料表面（或涂层）温度上升，产生变态、熔融、烧灼、蒸发等现象。另外，还有一种"冷加工"式的激光雕刻方式，它主要依靠具有很高负荷能量的（紫外）光子打断材料或周围介质内的化学键，使材料发生非热式变化。

激光雕刻加工具有分辨率高、图像美观、不易磨损、高精确度、高效率、低成本、效果一致等突出优点，在加工过程中可根据其工作方式分为点阵雕刻和矢量雕刻两类。

激光雕刻机可分为二氧化碳型、电流计型和灯泵浦型等类型。

二、激光雕刻的实训内容与目的

(1) 运用多种设计软件（包括三维雕刻软件、AutoCAD、CorelDRAW 等）进行产品设计。

(2) 学习使用三维雕刻设计软件对图形参数进行设置与修正的方法。

(3) 学习激光雕刻机雕刻、切割路径的设置方法。

(4) 学习激光雕刻机的正确操作方法，完成所设计产品的雕刻、切割加工。

三、激光雕刻实习的安全操作规程

(1) 操作前检查激光雕刻机的水冷系统液位，保证循环水出水，防止雕刻机加工时温度过高。

(2) 操作前检查激光光路是否正常，防止损坏机器。

(3) 保证加工基体材料平整地粘贴在加工区域的台面上。

(4) 检查激光雕刻机的电源连接情况，防止电路接错。

(5) 加工过程中勿将手伸入激光光路，以防止激光灼伤皮肤。

四、案例

实训项目：诗词激光加工设计制作。

(1) 利用激光雕刻设计软件设计诗词的风格样式，熟练掌握激光雕刻设计软件的使用方法。

(2) 正确操作激光雕刻设备，按照设计要求完成产品加工。

实训设备：激光雕刻机、激光雕刻设计软件、冷却系统。

实训步骤如下：

(1) 产品图形设计:使用激光雕刻设计软件或图形设计软件进行诗词创意模型设计,并根据实训中使用板材的厚度确定高度信息。

(2) 将设计的诗词创意图形导入成激光雕刻机可识别执行的文件格式,并进行模型参数的修正。

(3) 设置加工激光强度、加工速度以及雕刻、切割路径等参数。

(4) 运行可视化模拟加工程序,检查加工是否可执行以及是否有误,检查模拟加工的虚拟产品质量与加工数据输出是否符合设计要求。

(5) 经步骤(4)检查无误后,启动激光雕刻机,导入加工数据并正确设置加工参数与坐标原点,完成产品加工。

五、习题

(一) 选择题(每小题 4 分,共 20 分)

(1) 激光器的基本结构由工作物质、泵浦源和______三部分构成。

a. 反射镜　　b. 窗口镜

c. 电极　　d. 光学谐振腔

(2) 二氧化碳激光器属于______类型的激光器。

a. 气体激光器　　b. 光纤激光器

c. 半导体激光器　　d. 固体激光器

(3) 在激光的激励方式中,利用具有动能的电子去激发介质原子的方式称为______。

a. 电激励　　b. 光激励

c. 化学激励　　d. 物理激励

(4) 二氧化碳激光器的光学谐振腔由全发射镜和______组成。

a. 控制电路　　b. 输出反射镜

c. 二氧化碳　　d. 电极

(5) 二氧化碳激光器中辅助气体的作用是______。

a. 节省电量　　b. 提高功率

c. 减少能量密度　　d. 保护激光器不受损坏

(二) 填空题(每空 4 分,共 40 分)

(1) 激光雕刻加工是以数控技术为基础,____________为加工媒介。

(2) 激光加工的常见方式有 ________、________、________和________等几种。

(3) 固体激光器工作时会产生比较严重的热效应,必须采取冷却措施。激光器冷却系统主要是对________、________和________进行冷却。

(4) 激光器泵浦源需要满足的两个基本条件是______________和______________。

(三) 判断题(每小题 4 分,共 20 分)

(1) 雕刻速度、激光功率、雕刻精度、材料是影响激光雕刻的四个基本要素。 ( )

(2) 雕刻速度指的是激光头移动的速度,其单位通常用 mm/s 表示。 ( )

(3) 雕刻速度可用于控制切割的深度,对于特定的激光强度,速度越慢,切割或雕刻的深度就越深。 ( )

(4) 雕刻强度指射到材料表面激光的强度。对于特定的雕刻速度,强度越大,切割或雕刻的深度就越浅。 ( )

(5) 激光几乎可以对任何材料进行加工,但受到激光发射器功率的限制。 ( )

(四) 简答题(每小题 10 分,共 20 分)

(1) 简述二氧化碳激光器的优缺点。

(2) 简述激光加工的特点。

第五部分　电子工艺技术

训练15　电子工艺技术

一、电子工艺的原理、特点及应用

电子工艺是指根据电子产品设计文件的要求编制产品生产流程、工时定额和作业指导书，指导现场生产人员完成工艺制作和产品质量控制的工作。其主要内容包括电子元器件的识别、检测，电子元器件的选用与替换，电子仪器仪表的使用与调试技术，电子手工焊接技术，安全用电技术，PCB设计和产品生产制作的工艺性选择与改进等。

二、电子工艺的实训内容与目的

(1) 掌握电子工艺中基本的焊接方法。

(2) 学习电子元器件知识，能够根据设计指标参数合理地选择电子元器件。

(3) 学习PCB设计与制作工艺。

(4) 学习表面贴装式电子工艺流程。

(5) 学习电子检测仪器、仪表的使用方法。

(6) 学习电子调试技术与方法。

三、电子工艺实习安全操作规范

(1) 各类电气设备在使用前必须对电源绝缘性能进行检查，以防止使用过程中发生事故。

(2) 实训前要清楚知晓电源开关的准确位置，出现事故时应在第一时间切断电源。

(3) 发生火灾事故时，切忌使用泡沫灭火器或水灭火。

(4) 在工作台上进行焊接操作时，防止烙铁烫伤皮肤。

(5) 采取防静电措施，避免静电击穿元器件。

四、案例

实训项目：回流焊工艺。

实训设备：回流焊机、锡膏、点胶机、锡膏印刷机、真空吸笔。

实训步骤如下：

(1) 根据设计要求选择所需的元器件，再根据元器件尺寸设计 PCB 上焊盘的尺寸。

(2) 用稀释剂将锡膏调成黏稠的酸奶状，并使用锡膏印刷机将其分配至 PCB 的各焊盘上。

(3) 用点胶机在 PCB 放置元件的位置点上红胶，防止未焊接的元件从 PCB 上脱落。

(4) 用真空吸笔吸取元件，放置到 PCB 上适当的位置。

(5) 设置回流焊预热时间、保温时间、焊接时间、冷却时间等参数，设置完成后打开回流焊机完成焊接。

五、习题

(一) 填空题(每空 2 分，共 40 分)

(1) 写出下列电阻器的标称阻值及误差。

① 蓝灰黑：____________________；

② 红红黑金：____________________；

③ 棕黑黑银棕：____________________。

(2) 写出下列阻值电阻器对应的色环。

① 4.7 Ω，5%：____________________；

② 330 kΩ，1%：____________________；

③ 910 Ω，20%：____________________。

(3) 写出下列电容器的标称容量及误差。

① 470 J：____________________；

② 479 K：____________________；

③ 204II：____________________。

(4) 一般电子焊接操作时的五个步骤是：________、________、________、________和 ________。

(5) 锡铅共晶焊料中锡与铅的比例约为________。

(6) SMT 电路基板桉材料分为________、________两大类。

(7) 焊接是使金属连接的一种方法，在焊接热的作用下，通过焊接材料的原子或分子的相互________作用，使金属间形成一种永久的牢固结合。利用焊接方法进行连接而形成的接点称为________。

(8) 印刷电路板是指在绝缘基板上，有选择地加工安装孔、________和装配焊接元器件的焊盘，以实现元器件间电气连接的组装板。

(二) 选择题(每小题 4 分，共 20 分)

(1) ______封装元件四边有“翼形”引脚，脚向外张开。

a. SOP　　　　b. SOJ

c. QFP　　　　　　　　　d. PLCC

(2) ______由纸盆、音圈、磁体等组成。当音频电流通过线圈时，音圈产生随音频电流而变化的磁场，此交变磁场与固定磁场相互作用，导致音圈随电流变化而前后运动，并带动纸盆振动发出声音。

a. 电动式扬声器

b. 压电陶瓷扬声器

c. 压电陶瓷蜂鸣器

d. 舌簧式扬声器

(3) PCB的盲孔是将几层内部导电层与表面导电层连接，无需穿透整个板子。______则只连接内部的导电层，所以光从表面是看不出来的。

a. 过孔　　　　　　　　　b. 盲孔

c. 埋孔　　　　　　　　　d. 引线孔

(4) ______在电子产品装配中的应用较广，其主要成分是松香。在加热情况下，松香具有去除焊件表面氧化物的能力，同时焊接后形成的保护膜层具有覆盖和保护焊点不被氧化腐蚀的作用。

a. 无机类助焊剂

b. 有机类助焊剂

c. 树脂类助焊剂

d. 光固化阻焊剂

(5) ______是一种应用最早、最广泛的电阻器，阻值范围宽(10 Ω～10 MΩ)，其最大的特点是价格低廉。

a. 金属膜电阻器

b. 碳膜电阻器

c. 线绕电阻器

d. 敏感电阻器

(三) 判断题(每小题4分，共20分)

(1) 发光二极管与普通二极管一样具有单向导电性，所以它的正向压降值和普通二极管一样。　( )

(2) 集成电路的特点是可靠性高、寿命长、专用性强、使用方便、体积小、功能多。( )

(3) 产品样机试制或整机安装实习时，常采用手工独立插装、手工焊接方式完成印制电路板的装配。　( )

(4) 装有磁芯或铁芯的线圈比空心线圈的电感量小。　( )

(5) 晶体三极管是电流控制型器件。　( )

(四) 简答题(每小题 10 分,共 20 分)

(1) 焊接中为什么要使用助焊剂?

(2) 什么是集成电路?它有何特点?

第六部分　综合训练

训练16　机电综合训练

一、概述

现代科学技术的不断发展，极大地推动了不同学科的交叉与渗透，促进了工程领域的技术革命与改造。在机械工程领域，由于微电子技术和计算机技术的迅速发展及其向机械工业的渗透所形成的机电一体化，使机械工业的技术结构、产品机构、功能与构成、生产方式及管理体系发生了巨大变化，使工业生产由机械电气化迈入了以机电一体化为特征的发展阶段。机电一体化是指在机构的主功能、动力功能、信息处理功能和控制功能上引进电子技术，将机械装置与电子化设计及软件结合起来所构成的系统的总称。机电一体化系统一般由结构组成要素、动力组成要素、运动组成要素、感知组成要素和智能组成要素有机组合而成。

目前，机电一体化的发展呈现出以下特点：

(1) 智能化。

人工智能在机电一体化中的研究日益受到重视，智能机器人与智能数控机床就是这一领域中的重要应用。机电一体化中的“智能化”主要是指在控制论的基础上，吸收人工智能、运筹学、模糊数学、心理学和混沌动力学的研究成果，使机电产品具有一定的判断推理、逻辑思维、自主决策等能力，以求得到更高的控制目标。

(2) 模块化。

机电一体化产品一般具有比较复杂的功能，并且集成了许多不同生产厂家的产品，因此在标准机械接口、电气接口、动力接口和环境接口等方面具有较大的差异。显然，如果将各部件用标准化的模块封装，不仅便于各部件、单元的匹配和接口，还可以实现复杂产品的快速开发。

(3) 网络化。

现场总线和工业局域网是机电一体化产品网络化发展的趋势，利用现场总线将各种机电一体化制造设备连接成以计算机为中心的计算机集成制造系统(Computer Integrated Manufacturing System，CIMS)，是现代制造企业的重要特征。

(4) 绿色化。

工业的进步给人类生活带来了丰富的物质财富,但也给生态环境带来了巨大的破坏。机电一体化产品的绿色化主要是指在设备使用时不污染生态环境,设备报废后,大部分零部件可以通过再利用、再制造等资源化方式循环使用。这就要求机电产品在其设计、制造、使用和报废的全生命周期中,都必须考虑产品的绿色化。

二、机电综合实训的内容与目的

(1) 掌握从事机电技术必需的理论知识和具备基本动手实践的能力。

(2) 掌握机电设备和自动化设备的安装、调试、运行、维护及检测方法。

三、机电综合实习安全操作规程

(1) 机电综合训练中的电控系统对于高电压十分敏感,因此在调试中要先切断电源,防止瞬变电压将控制器和传感器损坏。

(2) 除了在测试中特殊指明外,不能用指针式万用表测试控制器或传感器,应该用高阻抗数字式万用表进行测试。

(3) 控制器、传感器必须要防止受潮,不允许将控制器、传感器上的密封装置损坏,更不允许用水直接冲洗控制器与传感器。

(4) 避免机电设备受到剧烈的震动。

四、案例

实训项目:无碳电控小车分析与设计。

实训设备:普通加工机床、数控加工机床、电子焊接设备、调试组装设备。

实训步骤如下:

(1) 按照设计要求进行结构设计,包括驱动设计、传动机构设计、转向机构设计、小车底板设计。

(2) 按照设计要求进行控制系统设计,包括硬件电路设计、控制策略选择、转向控制方案设计。

(3) 组装与调试,包括各零部件的机械性能调试与电气性能调试,各零部件的独立调试与联调。

五、习题

机电综合：无碳电控小车分析与设计	
结构设计方案 Structure Design Scheme	项目名称
1. 设计思路	
2. 小车设计方案	

3. 小车装配及零件图

4. 总结和体会

产品名称		共　页	第　页	编号：

<table>
<tr><td colspan="4" rowspan="3">机电综合:无碳电控小车分析与设计</td><td colspan="8" rowspan="3">机械加工工艺过程卡片
Machining Process Card</td><td colspan="2">共 页</td><td>第 页</td><td>编 号</td><td></td></tr>
<tr><td colspan="2">产品名称</td><td></td><td>生产纲领</td><td>件/年</td></tr>
<tr><td colspan="2">零件名称</td><td></td><td>生产批量</td><td>件/月</td></tr>
<tr><td>材料</td><td></td><td>毛坯种类</td><td></td><td colspan="2">毛坯外形尺寸</td><td colspan="3"></td><td>每毛坯可制作件数</td><td colspan="2"></td><td colspan="2">每台件数</td><td></td><td>备注</td><td></td></tr>
<tr><td>序号</td><td>工序名称</td><td colspan="6">工序内容</td><td colspan="6">工 序 简 图</td><td>机床夹具</td><td>量具辅具</td><td>工时/min</td></tr>
<tr><td>1</td><td></td><td colspan="6"></td><td colspan="6"></td><td></td><td></td><td></td></tr>
<tr><td>2</td><td></td><td colspan="6"></td><td colspan="6"></td><td></td><td></td><td></td></tr>
<tr><td>3</td><td></td><td colspan="6"></td><td colspan="6"></td><td></td><td></td><td></td></tr>
<tr><td></td><td></td><td colspan="3"></td><td colspan="2"></td><td></td><td colspan="3">编制(日期)</td><td colspan="2">审核(日期)</td><td colspan="2">标准化(日期)</td><td colspan="2">会签(日期)</td></tr>
<tr><td>标记</td><td>处数</td><td colspan="3">更改文件号</td><td colspan="2">签字</td><td>日期</td><td colspan="3"></td><td colspan="2"></td><td colspan="2"></td><td colspan="2"></td></tr>
</table>

机电综合：无碳电控小车分析与设计	工艺成本分析方案 Process Cost Analysis Scheme	共　页	第　页	编　号	
		产品名称		生产纲领	

1. 材料成本分析

编号	材料	毛坯种类	毛坯尺寸	件数/毛坯	每台件数	备注	编号	材料	毛坯种类	毛坯尺寸	件数/毛坯	每台件数	备注

2. 人工费和制造费分析

序号	零件名称	工艺内容	工时			工艺成本分析
			机动时间	辅助时间	终准时间	

3. 总成本

机电综合：无碳电控小车分析与设计	工程管理方案 Project Management Plan	共 页	第 页	编 号	
		产品名称		生产纲领	件/年
		零件名称		生产批量	件/月

1. 生产过程组织(包括设备配置)

2. 人力资源配置

3. 生产进度计划与控制

4. 质量管理

5. 现场管理

附录　工程训练体会、意见和建议

工程训练综合指南

学　　院 ____________________

班　　级 ____________________

姓　　名 ____________________

学　　号 ____________________

实训时间 ____________________

评 分 统 计			
训练 1 工程材料及其热处理工艺		训练 9 钳工工艺	
训练 2 铸造工艺		训练 10 数控车削	
训练 3 锻压工艺		训练 11 数控铣削	
训练 4 焊接工艺		训练 12 数控电火花线切割	
训练 5 车削工艺		训练 13 3D 打印技术	
训练 6 铣削工艺		训练 14 激光雕刻技术	
训练 7 刨削工艺		训练 15 电子工艺技术	
训练 8 磨削工艺		训练 16 机电综合训练	